KB178706

뉴턴이 들려주는 지수함수와 로그함수 이야기

수학자가 들려주는 수학 이야기 40

뉴턴이 들려주는 지수함수와 로그함수 이야기

초판 1쇄 발행일 | 2008년 9월 12일
초판 26쇄 발행일 | 2024년 5월 30일

지은이 | 이지현
펴낸이 | 정은영
펴낸곳 | (주)자음과모음

출판등록 | 2001년 11월 28일 제2001-000259호
주소 | 10881 경기도 파주시 회동길 325-20
전화 | 편집부 (02)324-2347, 경영지원부 (02)325-6047
팩스 | 편집부 (02)324-2348, 경영지원부 (02)2648-1311
e-mail | jamoteen@jamobook.com

ISBN 978-89-544-1586-6 (04410)

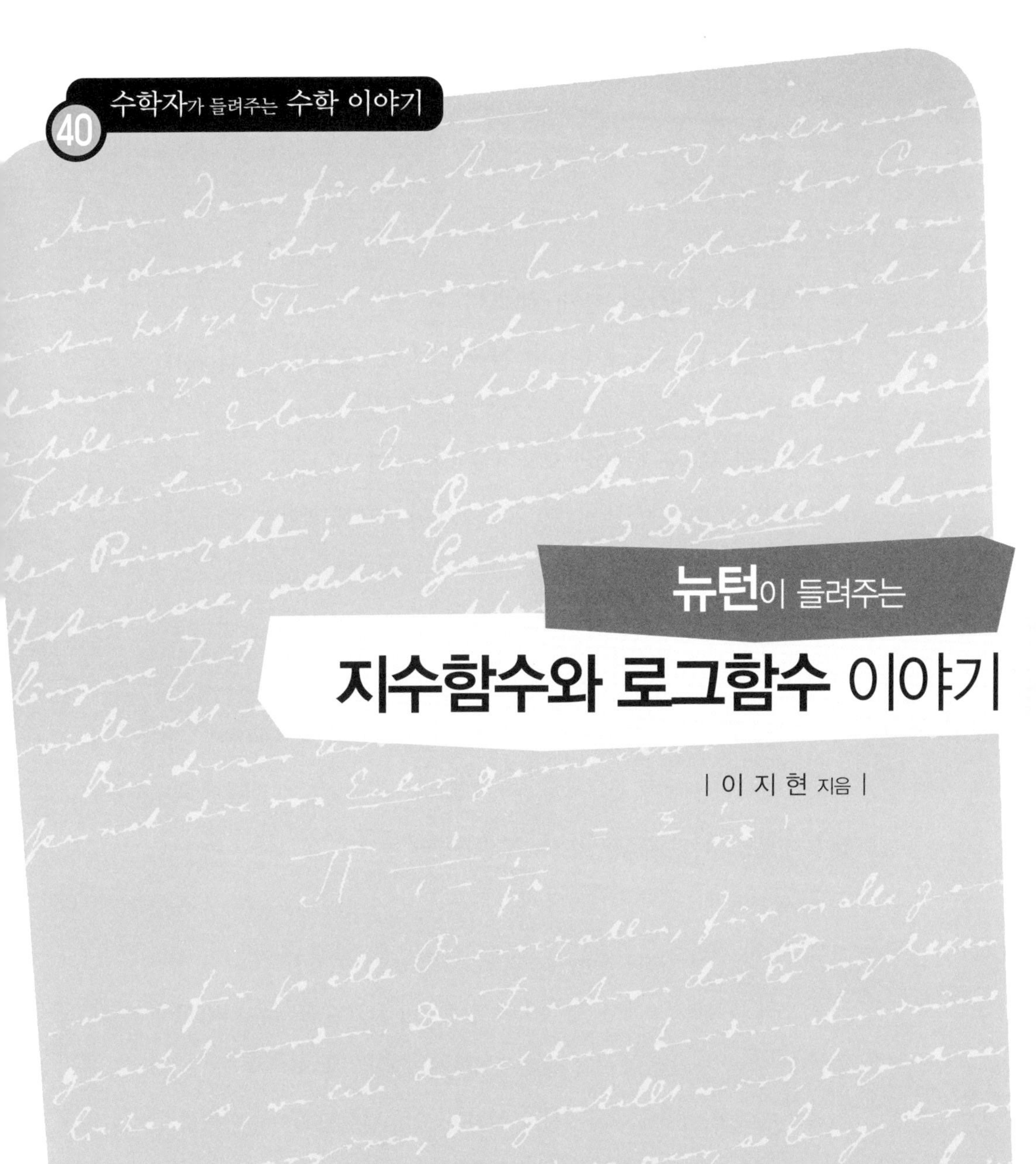

40 수학자가 들려주는 수학 이야기

뉴턴이 들려주는

지수함수와 로그함수 이야기

| 이지현 지음 |

(주)자음과모음

추천사

수학자라는 거인의 어깨 위에서

보다 멀리, 보다 넓게 바라보는 수학의 세계!

수학 교과서는 대개 '결과' 로서의 수학을 연역적으로 제시하는 경향이 강하기 때문에 학생들은 수학이 끊임없이 진화해 왔다는 생각을 하기 어렵습니다. 그렇지만 수학의 역사는 하나의 문제가 등장하고 그에 대해 많은 수학자들이 고심하고 이를 해결하는 가운데 새로운 아이디어가 출현해 온 역동적인 과정입니다.

〈수학자가 들려주는 수학 이야기〉는 수학 주제들의 발생 과정을 수학자들의 목소리를 통해 친근하게 이야기 형식으로 들려주기 때문에 학생들이 수학을 '과거완료형' 이 아닌 '현재진행형' 으로 인식하는 데 도움이 될 것입니다.

학생들이 수학을 어려워하는 요인 중의 하나는 '추상성' 이 강한 수학적 사고의 특성과 '구체성' 을 선호하는 학생의 사고의 특성 사이의 괴리입니다. 이런 괴리를 줄이기 위해서 수학의 추상성을 희석시키고 수학 개념과 원리의 설명에 구체성을 부여하는 것이 필요한데, 〈수학자가 들려주는 수학 이야기〉는 수학 교과서의 내용을 생동감 있게 재구성함으로써 추상적인 수학을 구체성을 갖는 수학으로 변모시키고 있습니다. 또한 중간중간에 곁들여진 수학자들의 에피소드는 자칫 무료해지기 쉬운 수학 공부에 있어 윤활유 역할을 할 수 있을 것입니다.

〈수학자가 들려주는 수학 이야기〉의 구성을 보면 우선 수학자의 업적을 개략적으로 소개하고, 6~9개의 강의를 통해 수학 내적 세계와 외적 세계, 교실 안과 밖을 넘나들며 수학 개념과 원리들을 소개한 후 마지막으로 강의에서 다룬 내용들을 정리합니다. 이런 책의 흐름을 따라 읽다 보면 각 시리즈가 다루고 있는 주제에 대한 전체적이고 통합적인 이해가 가능하도록 구성되어 있습니다.

〈수학자가 들려주는 수학 이야기〉는 학교 수학 교과 과정과 긴밀하게 맞물려 있으며, 전체 시리즈를 통해 학교 수학의 많은 내용들을 다룹니다. 예를 들어 《라이프니츠가 들려주는 기수법 이야기》는 수가 만들어진 배경, 원시적인 기수법에서 위치적 기수법으로의 발전 과정, 0의 출현, 라이프니츠의 이진법에 이르기까지를 다루고 있는데, 이는 중학교 1학년의 기수법의 내용을 충실히 반영합니다. 따라서 〈수학자가 들려주는 수학 이야기〉를 학교 수학 공부와 병행하면서 읽는다면 교과서 내용의 소화 흡수를 도울 수 있는 효소 역할을 할 수 있을 것입니다.

뉴턴이 'On the shoulders of giants' 라는 표현을 썼던 것처럼, 수학자라는 거인의 어깨 위에서는 보다 멀리, 넓게 바라볼 수 있습니다. 학생들이 〈수학자가 들려주는 수학 이야기〉를 읽으면서 각 수학자들의 어깨 위에서 보다 수월하게 수학의 세계를 내다보는 기회를 갖기를 바랍니다.

홍익대학교 수학교육과 교수 | 《수학 콘서트》 저자 **박 경 미**

세상의 진리를 수학으로 꿰뚫어 보는 맛
그 맛을 경험시켜 주는 '지수함수와 로그함수' 이야기

고등학생이었을 때, 저는 진로에 대해 심각하게 고민하지 않았습니다. 그 시절에는 과학을 좋아해 막연히 순수과학을 전공하고 싶다고만 생각했었습니다. 그러다 수학교육과에 입학하게 되었고, 처음 듣는 대학 수업은 그리 흥미롭지 않았습니다. 문제를 풀어 답을 내는 것이 수학인 줄로만 알았던 제게 숫자 하나 없는 어떤 전공과목은 당황스럽기도 했지요.

그러던 어느 날 도서관에서 교양수학책 한 권을 보게 되었습니다. 처음엔 재미있는 내용 때문에 읽어 갔고, 어느 정도 읽은 후에는 제가 예전에 수업 시간에 들었던 '집합론'에 관한 책이라는 것을 알게 되었습니다. 이렇게 책으로 읽으니 재미있고 이해도 잘 되는데 딱딱한 전공서적은 왜 그처럼 머리에 들어오지 않았을까하는 생각도 들었고요.

그 뒤로 저는 마음에 드는 책들을 읽기 시작했고, 그런 책읽기가 제게는 수학에 대한 흥미와 관심을 갖는 데 큰 도움을 주었다고 생각합니다. 뉴턴을 위대한 수학자로 만드는 데 가장 큰 역할을 했던 것도 '독서'라고 합니다.

여러분이 읽고 있는 이 책은 지수함수와 로그함수에 대한 책입니다. 지수함수와 로그함수는 고등학교 때 배우게 되는 교과과정이지만 고등학생 이하, 초등학생이나 중학생도 이해할 수 있는 내용이기도 합니다. 저는 무엇보다도 이 책에서 어려운 수식이나 형식적인 전개를 배제하였습니다. 쉽게 이해할 수 있도록 주변 현상에서 접근하여 수학에 대한 특별한 지식 없이도 쉽고 재미있게 읽을 수 있도록 하였습니다.

수학은 우리의 삶 곳곳에서 쓸모를 발휘합니다. 암호학, CT촬영, 인공지능, 일기예보, 주식시장, 교통문제 등도 고급 수학의 바탕이 없으면 불가능합니다. 그러나 수학이 우리 곁에 가까이 있음을 잘 느끼지 못하는 사람들도 많은 것 같습니다. 이 책은 그런 사람들에게 수학이 더 가까이 다가갈 수 있도록 해 줄 것이며, 학생들에게는 교과 내용에 대해 더 큰 흥미를 가지고 이해할 수 있도록 도와줄 것입니다.

이 자리를 빌려, 제게 이런 기회를 주신 정연숙 선생님과 (주)자음과모음에 고마운 마음을 전합니다.

2008년 9월 **이 지 현**

차례

1 이 책은 달라요

《**뉴턴**이 들려주는 **지수함수와 로그함수** 이야기》는 뉴턴이 아홉 번의 수업을 통해 지수함수와 로그함수의 내용과 그 내용을 실생활에서 찾아볼 수 있는 예를 통해 알려 줍니다. 뉴턴 선생님과 함께 실험도 하고, 우리 주변을 관찰하기도 하며 실생활 가까이에서 지수함수와 로그함수를 느껴 봅니다.

2 이런 점이 좋아요

1 어려운 수학 내용을 다양한 예시와 실험을 통해 쉽게 접근할 수 있게 합니다. 수학이 단지 교과서 속의 지식이 아니라, 우리 생활의 많은 부분에 이용되는 유용한 것임을 느낄 수 있습니다.

2 생활 속의 여러 상황을 통해 수학이 우리 주변에 가까이 있음을 느낄 수 있습니다.

3 고등학생에게는 지수와 로그의 기초 내용과 그에 대한 여러 읽을거리를 제공해 수리 논술 대비로 쉽게 읽을 수 있습니다.

3 교과 과정과의 연계

구분	학년	단원	연계되는 수학적 개념과 내용
중학교	7-가	함수	순서쌍과 좌표, 함수의 그래프
	8-가	지수법칙	지수법칙
	9-가	제곱근과 실수	실수의 집합
고등학교	10-나	함수	함수의 뜻과 그래프, 역함수
	수학Ⅰ	지수와 로그	지수법칙, 로그의 뜻, 로그의 성질
	수학Ⅰ	지수함수	지수함수와 그 그래프
	수학Ⅰ	로그함수	로그함수와 그 그래프

첫 번째 수업_지수적 증가

지수적 증가란 어떤 것인가에 대해 알아봅니다. 거듭제곱을 통한 지수적 증가의 위력을 느껴 봅니다.

- 선수 학습 : 지수로 표현하기
- 공부 방법 : 여러 에피소드를 통해 지수적 증가에 대해 배우고 종이를 직접 접어 보는 활동을 통해 지수적 증가를 직관적으로 인식해 봅니다.
- 관련 교과 단원 및 내용
  - 거듭제곱을 지수로 표현하여 그 편리함을 느껴 볼 수 있습니다.
  - 10-가 〈지수〉 단원과 관련된 읽기 자료로 활용할 수 있습니다.

두 번째 수업_이자, 복리법과 단리법

단리법과 복리법이 무엇인지 알아봅니다. 복리법의 효과를 알아보고 지수함수의 그래프도 그려 봅니다.

- 선수 학습 : '이자=원금이율' 이라는 것을 알고 있어야 합니다.
  좌표평면에 (a, b)를 표현할 수 있어야 합니다.
- 공부 방법 : 단리법과 복리법의 차이를 실제 예를 통해 알아봅니다.

역사적 예를 통해 복리법의 위력을 알아봅니다. 자연수에서 실수로 확장해 나아 가며 지수함수를 정의해 보고 그것의 그래프를 그려 봅니다.

- 관련 교과 단원 및 내용
  - 7-가 〈순서쌍과 좌표〉 단원과 연계할 수 있습니다.
  - 10-가 〈등비수열〉의 읽기 자료로 활용할 수 있습니다.
  - 실용 수학 〈은행의 이용〉과 연계할 수 있습니다.
  - 수학 I 〈지수함수와 그 그래프〉와 연계할 수 있습니다.

세 번째 수업 _ 현수선

현수선이 무엇인지 알아보고 우리 주변에서 현수선을 찾아봅니다.

- 선수 학습 : 포물선
- 공부 방법 : 현수선을 직접 만들어 보는 활동을 통해 그 뜻을 익히고 그것이 지수함수의 그래프와 관련이 있음을 알며, 우리 주변에서 현수선을 직접 찾아보는 학습을 합니다.
- 관련 교과 단원 및 내용
  - 수학 I 〈지수함수와 그 그래프〉와 연계할 수 있습니다.

네 번째 수업 _ 반감기와 지수함수

반감기에 대해 알아보고 지수함수를 이용하여 과거 유물의 연대를 측정할 수 있음을 학습합니다.

- 선수 학습 : 반감기
- 공부 방법 : 오래된 화석이나 유물의 연대를 어떻게 측정할 것인지 생각해 보고 지수함수를 이용하여 문제를 해결해 봅니다.
- 관련 교과 단원 및 내용
  - 고등학교 수리 논술 자료로 지수함수와 반감기 관련 문제를 생각할 수 있습니다.

다섯 번째 수업_냉각법칙과 지수함수

지수함수적 변화를 주변에서 찾아볼 수 있는 다른 예로 '뉴턴의 냉각법칙'에 대해 배워 보고 이 법칙을 적용할 수 있는 예를 찾아봅니다. 또 지수적 증가는 다른 일차함수나 다항함수의 증가와 어떻게 다른지 비교해 봅니다.

- 선수 학습 : 일차함수, 다항함수
- 공부 방법 : 지수함수의 예를 '뉴턴의 냉각법칙'에서 찾아보고 이 법칙을 활용해 볼 수 있는 예를 생각해 봅니다. 또 지수적 증가를 일차함수와 다항함수와 비교해 보며 차이를 느껴 봅니다.
- 관련 교과 단원 및 내용
  - 고등학교 수리 논술 자료로 지수함수와 냉각법칙과 관련된 문제를 생각할 수 있습니다.

여섯 번째 수업_로그적 증가

로그적 증가에 대해 공부합니다. 로그적 증가는 지수적 증가와 달리 증가하는 폭이 점점 작아지며 증가합니다. 이런 로그적 증가는 우리가 느끼는 감각에서도 찾을 수 있음을 실험해 봅니다.

- 선수 학습 : 로그함수와 비교하기 위하여, 앞에서 배운 지수함수를 잘 기억합니다.
- 공부 방법 : 로그적 증가란 무엇인지 직접 실험을 통해 알아봅니다. 우리 몸의 감각은 주어지는 자극의 크기가 점점 커져야 느껴지는 감각이 일정하게 증가함을 배웁니다. 이러한 실험 등을 통해 로그에 대해 직관적으로 느껴 봅니다.
- 관련 교과 단원 및 내용
  - 수학 I 〈로그함수〉의 읽기 자료로 활용할 수 있습니다.

일곱 번째 수업_로그

두 수열을 가지고 곱셈 계산을 덧셈 계산으로 바꾸어 계산하는 것을 통해 로그 기호를 만들어 보고 로그의 정의를 익혀 보며 간단한 성질을 찾아봅니다.

- 선수 학습 : 지수법칙
- 공부 방법 : 등차수열과 등비수열, 두 수열을 통해 곱셈 계산을 덧셈으로 실행해 봅니다. 이렇게 곱셈을 덧셈으로 바꾸는 기호를 log

로 도입해 보고 세밀하게 기호를 정의합니다. 이렇게 log의 뜻을 새기고 로그의 성질을 익혀 봅니다.

- 관련 교과 단원 및 내용

– 8-가 〈지수법칙〉과 관련해 밑이 같은 경우 곱하고 나누는 연산을 해 봅니다.

– 수학 I 〈등차수열과 등비수열〉 단원에서 배운 두 수열을 통해 로그를 도입해 봅니다.

– 수학 I 〈로그〉 단원에서 로그의 정의와 그 성질에 대해 배웁니다.

여덟 번째 수업_역함수와 로그함수의 그래프

역함수에 대해 알아보고 지수함수와 로그함수는 서로 역함수 관계임을 배웁니다. 역함수는 원래 함수와 $y=x$에 대해 대칭임을 배우고 이를 이용하여 지수함수를 통해 로그함수의 그래프를 그려 봅니다.

- 선수 학습 : 집합, 대응, 함수, 대칭
- 공부 방법 : 두 집합 사이의 대응을 통해 역함수 관계를 배우고 지수함수와 로그함수는 서로 역함수 관계임을 발견합니다. 또 함수와 그 함수의 역함수는 그래프가 서로 $y=x$에 대해 대칭임을 알고 이를 이용해 지수함수의 그래프를 가지고 로그함수의 그래프를 그려 봅니다.
- 관련 교과 단원 및 내용

- 7-가 〈규칙성과 함수〉에서 집합 사이의 대응을 통해 함수 개념을 배웁니다.
- 10-나 〈함수〉에서 역함수에 대해 배웁니다.
- 수학 I에서 로그함수와 그 그래프에 대해 배웁니다.

아홉 번째 수업_우리 주변의 로그함수

우리 주변에서 로그를 사용하는 여러 단위들을 배웁니다. pH, 데시벨, 등급, 진도 등에 대해 배우고 왜 로그를 사용하였는지에 대해 생각해 봅니다.

- 선수 학습 : 로그
- 공부 방법 : 주변에서 로그를 이용하는 것들을 찾아봅니다. 여러 단위들에 대해 공부하고 로그를 사용하는 이유를 생각해 봅니다.
- 관련 교과 단원 및 내용

- 수학 I 〈로그함수〉에서 로그함수의 성질을 배웁니다.
- 고등학교 수리 논술 준비에 있어 로그에 대한 다양한 활용을 생각할 수 있습니다.

뉴턴을 소개합니다

Isaac Newton (1642~1727)

'지구는 왜 태양 주위를 돌까?'

'돌은 왜 언덕에서 굴러 떨어질까?'

'바람이 불면 왜 잎사귀가 날리는 걸까?'

사과나무에서 사과가 떨어지는 모습을 보고 만유인력을 발견했다는
뉴턴의 이야기는 아주 유명하죠? 매우 일상적이고도 흔한 일이
어떤 누군가에게는 수수께끼의 정답이 될 수도 있습니다.
물론, 그 정답이라는 것은 누구나 알기 쉽게
'이거다!' 하고 나타나지는 않죠.
뉴턴은 떨어지는 사과로부터 만유인력의 힌트를 얻었으나,
만약 그의 피나는 연구와 노력이 없었더라면
결코 지금처럼 위대한 학자로 인정받지 못했을 겁니다.
누구나 사과가 떨어지는 순간을 목격할 수 있습니다. 그러나 뉴턴은
그 사소한 경험을 만유인력이라는 커다란 결과로 만들어 냈습니다.
그는 항상 자신의 연구 과제에 대한 고민과 탐구를 멈추지 않았기에
사소한 일을 남다른 일로 바꿀 수 있었던 것이지요.

여러분, 나는 뉴턴입니다

나는 1642년 크리스마스, 영국의 링컨셔 그랜탐 부근 울즈소프 마노라는 작은 시골 마을에서 태어났습니다. 부유한 농장주였던 아버지는 내가 태어나기도 전에 돌아가셨고, 나는 미숙아로 태어났답니다. 게다가 내가 세 살 때, 어머니는 이웃 마을 목사와 재혼을 하셨어요. 나의 어린 시절은 어둡고 행복하지 못했답니다.

학교에 입학하고서도 성적이 그리 좋진 못했습니다. 의붓아버지가 세상을 떠나고 어머니는 돌아와 농장일을 같이 하며 살기를 원해 내 학업을 중단시켰지만 난 농사일보다는 공부를 하고 싶었습니다. 다행히 외삼촌이 가족을 설득해 나를 대학에 보내

주었습니다.

내가 세계적인 과학자가 될 수 있었던 것은 아마도 독서 때문인 것 같습니다. 특별한 교육을 받지 못한 내게 책은 정말 많은 지식을 주었죠. 책을 읽고 사색하는 것은 나를 위대한 학자로 만든 밑거름이 되었습니다.

1661년 6월 케임브리지 대학에 입학하여 1664년 1월 학사 학위를 받았는데, 그때 유럽은 페스트가 퍼져 전체 인구의 3분의 1이 목숨을 잃고 말았습니다. 이 때문에 모든 대학이 문을 닫았죠. 그래서 고향인 울즈소프로 돌아왔는데, 다름 아닌 이 기간이 바로 내게 매우 중요한 시기가 되었습니다. 나는 2년이라는 시간 동안 고향에서 조용히 사색하며 미분과 만유인력의 법칙을 발견하였고, 백색광이 여러 색의 빛으로 이루어져 있음을 증명했습니다.

나는 한번 무언가에 집중하면 다른 것들은 전혀 생각하지 못합니다. 그래서 생긴 일화들도 많이 있죠. 그러나 이런 집중력이, 사소한 것들을 지나치지 않고 과학적으로 분석해내는 원동력이 되어 나중에는 내게 소중한 결과를 얻어내게 해 주었던 것 같습니다. 사과나무에서 사과가 떨어지는 것을 그냥 지나쳐버

리지 않은 것처럼요. 사실 사과가 땅으로 떨어지는 것을 보고 나는 왜 사과는 떨어지지만 달은 떨어지지 않을까 하고 생각하기로 했었죠.

뉴턴의 일화들

친구 스턱켈리 박사가 함께 저녁을 먹기로 하여 뉴턴의 집에 찾아왔을 때 뉴턴은 박사와의 약속을 잊은 채 외출을 한 뒤였다. 한참을 기다려도 뉴턴이 오지 않자 기다리던 스턱켈리 박사는 시장한 나머지 식탁에 차려진 닭 요리를 다 먹고 뼈만 남겨 놓았다. 뉴턴이 나중에 돌아와 식탁에 앉아서 뚜껑을 열었으나 그릇에 뼈만 남은 것을 보고 이렇게 말했다고 한다.

"아참, 우리가 저녁을 이미 먹었군."

* * *

뉴턴이 난로 곁에 앉아 연구에 몰두 하던 중 너무 뜨겁다는 것을 느낀 그는 난로를 멀리 치워버리라고 하인에게 말했다. 그런데 하인은 난로를 치우는 대신 뉴턴의 의자를 뒤로 뺐다. 뉴턴은 이렇게 말했다.

"좋은 생각이군."

나의 업적으로 미분의 발명을 꼽는 사람들이 절대적으로 많습니다. 그런데 라이프니츠 또한 미분을 발명했다고 해서, 이 때문에 다툼이 있기도 했습니다. 물론 지금은 둘 다 미분의 창시자로 인정받고 있습니다.

언젠가 지독한 논쟁을 겪은 후, 내겐 연구를 통해 알아낸 사실들을 발표하지 않고 오랫동안 묵혀 두는 버릇이 생겼습니다. 아마 위에서 말한 다툼도 어떤 면에서는 바로 나의 이런 습관 때문에 일어난 일이기도 할 것입니다. 하지만 라이프니츠는 이런 찬사를 남기기도 했죠.

"태초로부터 뉴턴이 살았던 시대까지의 수학을 놓고 볼 때, 그가 이룩한 업적이 절반 이상이다."

비슷한 이유로 사람들은 나를 두고 아르키메데스, 가우스와 함께 인류 역사상 가장 위대한 세 명의 수학자로 꼽기도 합니다.

미분의 발명 말고도 세상에는 내 이름을 딴 법칙들이 있는데, 운동의 법칙, 만유인력의 법칙, 냉각의 법칙 등이 바로 그것들입니다. 운동의 법칙에는 다시 관성의 법칙, 가속도의 법칙, 작용 · 반작용의 법칙이 있습니다. 그리고 냉각의 법칙은 수업 시간에 소개하게 될 것입니다. 이 때문에 내가 이 지수함수와 로그함수의 강의를 맡게 되기도 했고요.

나는 수학과 물리학 외에도 연금술과 신학에도 관심이 있었는데, 연금술은 일반 물질을 금으로 바꾸는 기술을 연구하는 학문입니다.

사람들은 내 저서들 중 《프린키피아》를 가장 위대한 것으로 꼽습니다. 역학계와 천체운동의 완전한 수학적 공식화가 처음으로 나타난 책이지요. 나는 이것을 쓸 때 하루에 18~19시간씩 집필할 때도 많았습니다. 그만큼 정성들인 책이지요.

《프린키피아》는 수학의 언어로 썼습니다. 내게 자연은 수학으로 써진 책이고, 수학은 자연을 읽는 언어입니다. 이것을 여러분들에게도 알려주고 싶습니다.

"'진리'라는 거대한 바다는 저만치에서 미지의 세계인 채 존재하는데, 나 자신은 바닷가에서 매끄러운 돌이나 아름다운 조개나 찾으며 놀고 있는 어린아이 같다"는 생각을 합니다.

그렇기 때문에 내가 다른 사람들보다 더 멀리 보았다면, 그것은 단지 거인들의 어깨 위에 서 있었기 때문일 겁니다.

지수적 증가

지수적 증가란 어떤 것일까요?

거듭제곱을 통한 지수적 증가의 위력을 느껴 봅시다.

첫 번째 학습 목표

1. 지수적 증가란 무엇인지 알 수 있습니다.
2. 지수적 증가는 어떤 특징이 있는지 알 수 있습니다.
3. 지수적 증가를 우리 주변에서 찾아볼 수 있습니다.

미리 알면 좋아요

지수 하나의 수가 여러 번 더해져 있으면 우리는 이것을 아래처럼 곱셈으로 표현해 볼 수 있습니다.

$$3+3+3+3+3+3+3+3+3+3+3=3\times 11$$

여러 번 곱해져 있는 것을 간결하게 표현할 수 있는 방법도 있습니다. 바로 지수를 이용하는 것입니다. 3을 여섯 번 곱할 경우 아래와 같이 표현할 수 있습니다.

$$3\times 3\times 3\times 3\times 3\times 3=3^6$$

어떤 수를 a^x 라고 표현하면 이는 a를 x번 곱했다는 뜻이며, 이때 a를 밑, x를 지수라고 합니다.

오늘은 지수적 증가에 대해 알아보도록 하겠습니다.

자, 종이를 받으셨죠. 오늘은 종이를 가지고 실험을 하는데, 그 전에 내가 이야기 하나를 해 드리겠습니다.

우리나라에 장기가 있듯 서양에는 체스가 있다는 것 다들 아실 겁니다. 이 체스의 기원에 대해서는 정확하지는 않지만 고대 페르시아에서 생겨났다고 합니다. 그 나라의 수상이 이 새로운 게

임을 발명했는데, 64개의 붉고 검은 정사각형을 그린 네모판 위에 규칙에 따라 말을 움직이는 게임이었죠. 왕은 수상이 발명한 이 게임이 너무 재미있어서 훌륭한 발명의 보상으로 무엇을 원하는지 수상에게 말해보라고 했습니다. 수상은 자신은 겸손하니 겸

손한 상을 바란다고 하며, 자신이 발명한 체스판을 가리키며 '첫 번째 칸에 한 톨의 밀알, 두 번째 칸에 두 배의 밀알, 세 번째 칸에 다시 두 배의 밀알을, 계속해서 다음 칸에는 다시 두 배를 놓는 방식으로 칸을 모두 밀알로 채워 주십시오' 라며 왕에게 요청했습니다. 왕은 그것이 너무 하찮은 요구라며 그를 질책했지만, 수상은 금은보화를 거절하며 다시금 그 밀알을 요구했습니다. 왕은 그의 겸손함을 칭찬하며 그의 요구에 동의했습니다.

이후의 왕실은 어떻게 되었을까요?

우리 이 밀알 수를 함께 계산해 볼까요. 수상이 요구한 밀알은 첫 칸에는 한 알, 두 번째 칸에는 두 알, 세 번째 칸에는 네 알, 네 번째 칸에는 여덟 알이 됩니다. 다섯 번째 칸에는 열여섯 알이 됩니다. 수들이 점점 커질 테니 숫자로 다시 써 봅시다.

1, 2, 4, 8, 16, 32, 64, 128, 256, 512, 1024, 2048 ……

숫자들이 점점 커지는군요. 이것을 다른 방식으로 좀 더 간편하고 멋진 방법으로 표현해 봅시다. 지수를 이용해서요. 지수는 큰 수를 표현하는 데 아주 편리합니다. 예를 들어 1억의 경우 100000000으로 9자리나 차지하며 써야 하지만 이것을 간단히 10^8으로 쓸 수 있습니다. $\square^{\triangle}$은 □를 △번 곱했다는 뜻이죠.

$$(\square^{\triangle} = \underbrace{\square \times \square \times \square \cdots \times \square}_{\triangle\text{번}})$$

그러면 위의 밀알 수를 다시 지수로 표현해 봅시다.

$$1, 2, 2^2, 2^3, 2^4, 2^5, 2^6 \cdots\cdots 2^{10}, \cdots\cdots$$

64번째 칸에 이르면 밀알은 2^{63}개가 될 겁니다. 수상이 받을 밀알은 이 모두를 더한 것이 되겠죠. 그럼, 2^{63}은 얼마나 큰 수일까 알아볼까요?

아까 드린 종이 한 장을 반으로 접어 보세요. 접은 상태에서 또 반을 접어 보시고요. 계속해서 반을 접어 보세요. 여러분들은 과연 몇 번이나 접을 수 있을까요?

자, 다들 몇 번이나 접었나요?

"5번이요."

"6번이요."

모두 그 정도 접었을 거예요. 일곱 번 접으면 대성공이지요. 이 종이 접기에도 거듭제곱의 위력이 있습니다. 종이를 한 번 접으면 두께가 두 배가 되지요. 두 번 접으면 4배, 세 번 접으면 8배. 이렇게 만약 열 번을 접으면 두께는 1024배가 됩니다. 자 여기 종이를 100장 모은 것이 있어요. 내가 높이를 재어 보겠습니다.

이 종이는 대략 100장이 1cm쯤 되는군요. 그러면 1024장은 대략 10cm가 됩니다. 10cm나 되는 두꺼운 종이를 어떻게 접을 수 있겠습니까? 도저히 접을 수 없죠. 그러나, 만약 접을 수 있다고 가정하고 스무 번을 접었을 때에는 그 두께가 얼마나 될까요?

종이의 두께는 2^{20}배가 됩니다. 2^{20}은 2를 스무 번 곱한 것이니, 열 번 곱하고 또 열 번 곱했다고 생각하면 $2^{20}=2^{10}\times 2^{10}=1024\times 1024=1048576$이 됩니다.

뒤를 잘라 대략 100만이라고 해 봅시다. 아까 100장이 1cm라고 했으니 100만 장은 1만cm가 되겠지요. 10000cm는 100m이니 종이 두께는 100m가 됩니다.

40번을 접으면 대략 100000Km가 되고 42번을 접으면 400000Km가 되어 지구에서 달까지 거리보다도 길게 됩니다. 60번을 접으면 1000억Km. 이것은 태양에서 명왕성까지의 거리보다도 큽니다.

지수적 증가는 이처럼 우리가 상상하는 것보다 훨씬 더 큰 위력을 가지고 있죠.

자, 이제 2^{63}이 얼마나 큰 수인지 느낄 수 있겠습니까? 왕은 처음에는 이것을 잘 실감하지 못했을 겁니다. 17일째가 되어도 2^{16}알로 약 한 되곡식, 가루 등의 부피를 재는 단위. 한 되는 약 1.8리터가 되니까요. 22일 째가 되면 밀알은 2097152알로 약 1가마가 됩니다. 3주째가 되어도 고작 밀 1가마이니 왕은 이때까지도 수상을 겸손한 사람으로만 여겼을 겁니다. 그러나 이제부터가 시작이죠. 다음날은 2가마, 또 다음날은 4가마, 30일째가 되는 날은 자그마치 256가마나 됩니다. 왕은 슬슬 불안해지기 시작했죠.

그로부터 10일 뒤, 40일째가 되면 왕은 262144가마를 내주어야 합니다. 이렇게 하루면 2배씩 배로 주어야 하는 상황을 왕은 못 견뎠겠죠. 46일째는 16777216가마를 내주어야 하니 말이죠. 아마 왕이 수상에게 싹싹 빌고서야 겨우 이것을 멈추었을 수도 있습니다. 거듭제곱의 위력이 참 무섭지 않습니까?

여러분, 여러분들의 어머니께서는 언제나 손을 깨끗이 씻으라고 말씀 하시죠? 어머니 말씀을 잘 들어야 해요. 깨끗이 씻지 않으면 박테리아들이 아주 많이 늘어날 수 있거든요. 자, 여기를 한번 보세요.

다녀왔습니다.
얘,
손 씻어야지!
후다닥
귀찮으니까 그냥
컴퓨터 해야지.
……
킥킥…
고맙게도 손을
안 씻어 주네.
분열 시작!!
박테리아
우리는
지수적 증가를 하지!!
으하하!!
우리들 세상이다.
으악!!
촤아악
대장님!
물과 비누의
공격입니다.
어디서
비명소리가?
잘못 들었나?
촤아아
엄마도 참…
말로 하시지!
1분 뒤
2분 뒤
와…
내 모습이긴 하지만
엄청나구나…!!

박테리아는 둘로 나뉘며 번식합니다. 이 박테리아가 1분마다 분열이 이루어진다고 해 봅시다.

이 경우에도 일정한 시간 뒤 박테리아 수를 알고 싶으면 거듭제곱을 계산해야 합니다. 20분 뒤에는 2^{20}, 1048576개로 늘어나게 되겠죠. 한 마리에서 말이죠. 손을 깨끗이 씻고 싶은 생각이 들죠?

이렇게 증가하는 것을 '지수적 증가'라고 해요. 한 수에 일정한 수를 곱하면서 증가하는 형태이죠. 이런 지수적 증가를 이용하는 것을 실생활에서 찾아볼 수 있을까요?

여러분들이 즐겨 먹는 '자장면'에도 이 지수적 증가가 숨어 있어요. 면발을 사람 손으로 직접 만들 때 밀가루 반죽 덩어리를 길게 늘였다가 반으로 접습니다. 두 줄이 되지요. 또 길게 늘입니다. 또 반으로 접고요. 네 줄이 되겠지요. 이것을 10번만 하면 1024줄의 면발이 생기게 되는 거지요.

이제 거듭제곱이라는 연산이 빠른 속도로 엄청나게 큰 수를 만들어낼 수 있다는 것을 아셨을 겁니다. 다음에는 이 위력을 느낄 수 있는 다른 예인 은행 이자에 대해서 공부할 겁니다.

첫번째 수업 정리

❶ 지수적 증가란 한 수에 일정한 수를 곱하면서 증가하는 것을 말합니다.

❷ 지수적 증가는 빠른 속도로 큰 수를 만들어 냅니다.

❸ 우리 주변에는 세균 번식, 자장면 면발 만들기 등의 여러 지수적 증가를 찾아볼 수 있습니다.

이자, 복리법과 단리법

단리법과 복리법에 대해 알아보고
복리의 효과를 알아봅니다.
지수함수의 그래프를 그려 봅니다.

두 번째 학습 목표

1. 복리법과 단리법에 대해 알아봅니다.
2. 지수적 증가를 그래프로 나타내 봅니다.
3. 지수함수의 특징을 알아봅니다.

미리 알면 좋아요

1. 이자＝원금×이율

2. 좌표$(a,\ b)$를 좌표평면에 나타내기

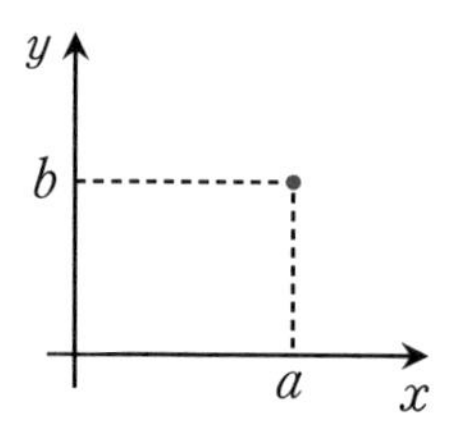

3. 자연수에서 실수까지 수의 확장

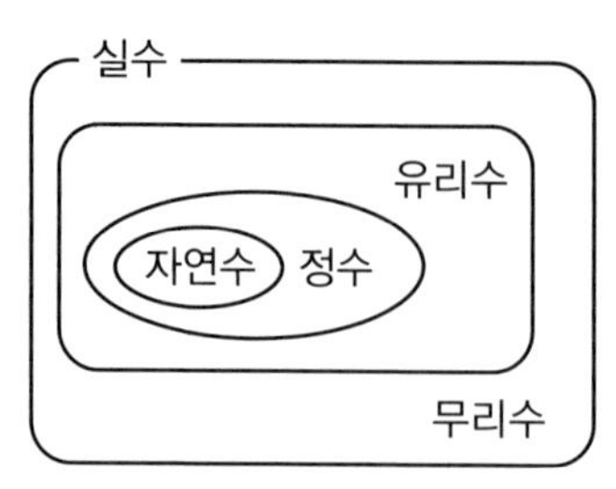

지난 시간에는 지수적 증가에 대해 알아보았습니다. 이번 시간에는 그러한 지수적 증가의 한 예로 은행의 이자 계산에 대해 공부해 볼 겁니다. 여러분들도 은행에 저축을 해 본 경험이 있으니 이자가 무엇인지는 아시겠죠. 이 이자를 계산하는 방법을 잘 알아두면 후에 은행에서 상품들을 이용할 때 도움이 될 수도 있을 겁니다.

은행에서 이자를 주는 방법은 단리법과 복리법, 두 가지가 있습니다. 예를 들어, 10000원에 대한 이자로 1000원을 주면 이자율은 10%입니다.

단리법은 원금에 대한 이자만 따집니다. 예를 들어, 10000원의 돈을 넣었을 때 1년 후 이자율 10%로 단리 이자를 준다고 해 봅시다. 시간이 지남에 따라 돈은 다음과 같이 늘어납니다.

이율 : 단리

원금	1년	2년	3년	4년	5년	6년	7년	8년	9년	10년
10000	11000	12000	13000	14000	15000	16000	17000	18000	19000	20000

이 때, 이자는 해마다 1000원으로 일정합니다. 따라서 총 금액이 증가하는 폭도 일정합니다.

그럼, 이번에는 이것을 복리식으로 계산해 볼까요? 복리법은 원금과 새로 생긴 이자를 합해 총 금액에 다시 이자를 지급하는 방식입니다. 따라서 이자가 일정하지 않습니다. 첫 해엔 1000원의 이자가 붙어 11000원으로 같지만 두 번째 해엔 11000원에 대한 이자가 계산되어서 이자는 1100원이 되고 총 금액은 12100원이 됩니다.

이렇게 둘째 해부터는 차이가 나게 되죠. 시간이 지남에 따라 달라지는 돈을 살펴볼까요?

이율 : 복리

원금	1년	2년	3년	4년	5년	6년	7년	8년	9년	10년
10000	11000	12100	13310	14641	16105.1	17715.6	19487.1	21435.8	23579.4	25937.3

위의 둘을 비교해 보면, 10년 동안 단리법으로는 10000원의 이자를 받게 되지만 복리법으로는 15937원으로 50% 이상 차이가 나게 되지요. 즉, 복리법이 훨씬 더 큰 이자를 만들어 냅니다. 이런 복리법은 12세기 북부 이탈리아 사람들이 고안해 냈습니다. 그런데 여러분 잘 생각해 보세요. 은행은 이자를 적게 주어야 오히려 이득이지 않겠습니까. 그런데 왜 은행이 이처럼 손해를 볼 것 같은 복리법을 고안해 냈을까요? 아마 이런 생각을 하는 사람들이 있었을 겁니다.

'1년마다 이자가 붙은 돈을 찾아서 다시 예금을 하면, 원금이 늘어나서 이자가 늘고 그러면 원금이 매년 늘게 되고 이자를 더 받을 수 있겠군.'

그러면 이렇게 돈에 대해 명석한 사람들은 귀찮겠지만 은행에 들러 매년 찾았다 넣었다를 반복하게 될 겁니다. 이런 사람들이 많아지면 은행으로서는 일이 많아지고 혼란스러워지겠죠. 그래서 이 복리법을 만들게 된 것입니다.

다시 단리법과 복리법으로 돌아와 액수를 크고 간단하게 하고 기간을 늘려 그 차이를 알아봅시다. 1억 원의 돈을 이자율 10%로 해 단리와 복리의 차이를 다시 한번 봅시다.

단위 : 원

기간	복리	단리	차이
	1억	1억	0
5년	1억 6천 1백만	1억 5천만	1천 1백만
10년	2억 5천 9백만	2억	5천 9백만
15년	4억 1천 7백만	2억 5천만	1억 6천 7백만
20년	6억 7천 2백만	3억	3억 7천 2백만
25년	10억 8천 3백만	3억 5천만	7억 3천 3백만
30년	17억 4천 5백만	4억	13억 4천 5백만

위의 표를 보고 시간이 지날수록 그 차이는 점점 커지는 것을 알 수 있나요? 이렇게 기간이 길어지면 복리법은 더 큰 위력을 발휘하게 됩니다. 그럼, 이 둘을 한번 그래프로 나타내 볼까요?

단리법의 그래프는 일정한 기울기를 갖는 직선이지만 복리법은 기울기가 달라져 직선의 형태가 아님을 알 수 있습니다.

지금으로부터 2000년 전 5원을 가진 사람이 소에 투자를 해 매년 2%의 이득을 보고 불어난 돈을 자손에게 물려주겠다는 유언을 남겼다고 합시다. 자손은 얼마의 돈을 받게 될까요?

단리법인 경우에는 1년에 0.1원, 10년에 1원, 100년에 10원, 1000년에 100원. 즉 2000년 후엔 원금 5원과 이자 200원을 합해 205원으로 불어났을 겁니다. 그러나 복리법의 경우에는, 원금을 A원이라 하면 1년 후에는 $A_1 = A \times r$로 표시되는데, 이 r은 누적 수익률로 이 경우에는 102%가 되죠. 즉 복리법은 앞의 금액에 누적 수익률을 곱하면 다음 해의 돈이 계산됩니다. 이 식이 조금 어렵게 느껴지면, 가볍게 넘어가도 좋습니다.

이제 이 과정이 2000년 동안 계속 된다고 하면, 그 금액은 무려 793,073,663,801,884,000원이 됩니다.

이런 복리의 마술에 대해 역사적으로 인용되는 사례들이 있어요. 그 중 하나가 바로 단돈 24달러에 뉴욕 맨해튼을 판 인디언들에 관한 이야기인데요. 1626년 당시 미국의 인디언들은 이민자들에게 24달러에 맨해튼을 팔았고, 그 땅은 현재 세계에서 가장 비싼 땅 중의 하나가 되었습니다. 그런 맨해튼을 단돈 24달러에 판 인디언들을 사람들은 조롱하기도 하죠. 그런데 만약 인디언들이 받은 24달러를 매년 복리 8%로 잘 굴렸다면 1988년 기준 30조 달러가 됐을 거라고들 합니다. 1988년의 맨해튼 공시지가는 281억 달러이니 그 돈으로 투자만 잘 했어도 현재의 맨해튼을 수백 개 정도는 살 수 있었을 테죠.

이렇게 거듭제곱이라는 연산은 아주 빠른 속도로 엄청나게 큰 수를 만들어 낼 수 있지요. 수학이 이렇게 신기함을 줄 수도 있지만 경고의 역할을 하기도 합니다. 인구문제나 환경문제를 생각해 보면 알 수 있죠. 이것에 대해서는 뒤에 또 언급할 것입니다. 이러한 예들을 통해 수학적으로 생각하는 것은 우리에게 참 중요하다는 것을 알 수 있습니다.

지금까지 지수적 증가의 예들을 보고 그 특성을 살펴보았습니다. 이제 이 지수적 증가를 눈으로 볼 수 있는 그래프에 대해 알아보려고 합니다. 위에서 잠깐 복리법과 단리법을 그래프로 그려

보기도 했었죠. 이제 확실한 형태를 알아봅시다.

복리법처럼 지수적으로 증가하는, 즉 일정한 수를 곱하면서 증가하는 것은 단리법처럼 일정한 수를 더하면서 증가하는 것과 다릅니다. 그래프로 그렸을 때도 모양이 달랐습니다. 일정한 수를 더하면서 증가하는 것은 그래프로 표현했을 때 직선 모양이 되고, 지수적으로 증가하는 것은 증가 속도가 더 빠르고 그래프의 기울기도 훨씬 더 가파르죠.

앞에서 지수적 증가의 예로 들었던 박테리아의 분열을 다시 볼까요? 1분 뒤, 2분 뒤의 개체 수는 시간이 지남에 따라 아래와 같이 늘어나게 됩니다.

$$1, 2, 2^2, 2^3, 2^4, 2^5, 2^6 \cdots\cdots$$

이제 이것을 그래프로 나타내 볼까요? 가로축 x축은 시간의 경과를 나타내고, 세로축 y축은 박테리아 수를 나타낸다고 합시다.

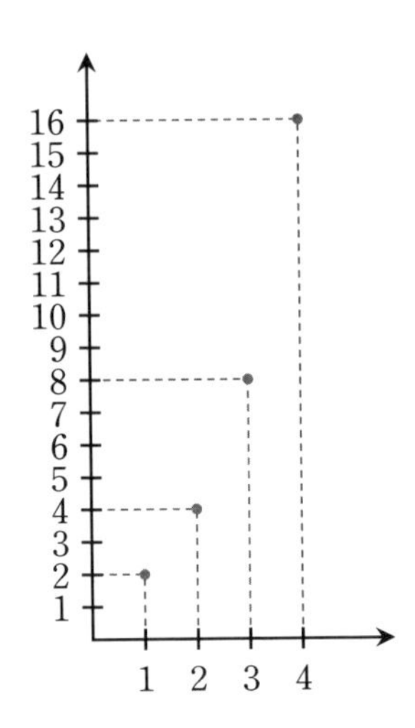

n이 자연수일 때, 위의 모습이 될 것입니다.

그러면 n의 범위를 넓혀서 일반적인 형태의 2^x는 어떤 모습을 갖게 될까요? 한번 예상해 보세요. 위의 그래프는 점으로만 되어 있고, 사이가 떨어져 있죠. 한 손으로 그릴 수 있는 연속적인 그래프의 모양을 알기 위해 일반적 형태에 대해 알아봅시다.

x가 자연수일 때는 거듭제곱을 통해 값을 계산할 수 있습니다. 그럼, x가 음수일 때는 어떻게 값을 구해야 할까요. 이 경우에는 $2^{-x}=\frac{1}{2^x}$로 구합니다. 예를 들어 2^{-3}인 경우는 2^3이 8이므로 $\frac{1}{8}$이 됩니다. 2^0의 값은 1로 정의합니다.

수의 범위를 유리수로 한번 넓혀 봅시다. 이 경우에는 근호를 이용해야 합니다. 아래부터는 조금 어려울 수 있지만 x를 모든 수로 꽉 채우려는 작업으로 생각하고 가볍게 들어 주세요.

x가 유리수인 경우 그 수를 $\frac{n}{m}$이라고 해 봅시다. $2^{\frac{n}{m}}=\sqrt[m]{2^n}$으로 계산합니다. 여기서 제곱근 계산이 나오는데 간단한 경우에는 그 값을 손으로 계산할 수도 있지만 많은 경우에는 계산기나 컴퓨터의 도움을 빌려야 합니다. $\sqrt[m]{\square}$는 어떤 수를 m번 거듭제곱해서 □이 되는 수 정도로만 아셔도 괜찮습니다.

이제 유리수까지 했네요. 그런데 실수에는 유리수가 아닌 수들도 있습니다. 바로 '무리수'이죠. 무리수는 순환하지 않는 소수로 분수의 형태로 나타낼 수 없는 수들입니다. 이런 경우 어떻게 계산해야 할까요.

$2^{\sqrt{2}}$의 경우를 봅시다. $\sqrt{2}$는 소수로 표현했을 때 다음과 같이 나타냅니다.

$$\sqrt{2}=1.41421356\cdots\cdots$$

이때, $\sqrt{2}$에 가까워지는 유리수들을 지수로 가지는 수 $2^{1.4}$, $2^{1.41}$,

$2^{1.414}$, $2^{1.4142}$, $2^{1.41421}$, $2^{1.414213}$, ……이 한없이 가까워지는 값으로 $2^{\sqrt{2}}$의 값을 정합니다.

이와 같이 지수를 무리수까지 확장함으로써 임의의 실수 x에 대해 2^x의 값이 정해집니다. 이것을 그래프로 그리면 다음과 같은 모양으로 그려집니다.

그래프 $y=2^x$

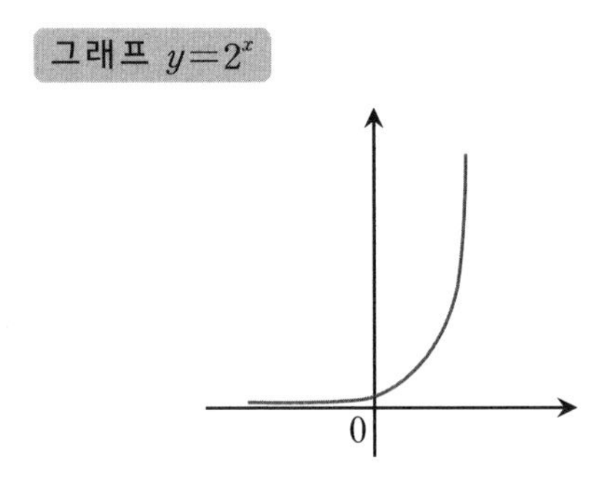

여러분들이 예상했던 모습과 비슷한가요?

위의 2^x 처럼 a가 1이 아닌 양의 상수 일 때 실수 x를 a^x에 대응시켜 얻은 함수를 '지수함수' 라고 합니다.

$$y=a^x \ (a\text{는 1이 아닌 양수})$$

그러면 여기서 왜 밑을 1이 아닌 양수로 한정하는 것일까요?

a가 1인 경우를 생각해 봅시다. a가 1이라면 x의 값이 무엇이든 함수값은 1이 될 것입니다. 이것은 $y=1$이라는 함수, 즉 상수함수가 되어 지수함수의 특징을 갖지 못하므로 제외합니다. x가 음수인 경우를 봅시다. 예를 들어 a가 -1인 경우를 볼까요? $(-1)^{\frac{1}{2}}$인 경우를 생각해 보면 이것은 $\sqrt{-1}$로 실수가 아닌 허수가 되어 함수값을 정의할 수 없게 됩니다.

지수함수의 그래프 모양은 크게 두 가지입니다. 지수적으로 증가하는 형태와 지수적으로 감소하는 형태입니다. 2^x의 경우처럼 어떤 값에 1보다 큰 수를 곱해 나가면 그 값은 계속 커지게 됩니다. 그러나 1보다 작은 수를 곱해 나가면 그 값은 점점 작아지게 됩니다. 즉 지수함수의 그래프의 형태는 밑의 값에 달려있다고 할 수 있습니다. a가 1보다 큰 경우는 증가하는 형태의 그래프가 되며 a가 1보다 작은 경우는 감소하는 형태의 그래프가 됩니다. 우선 그래프를 볼까요?

a가 1보다 큰 경우

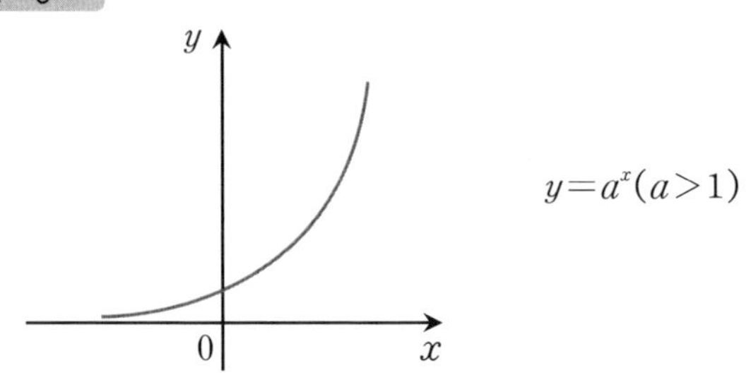

a가 0보다 크고 1보다 작은 경우

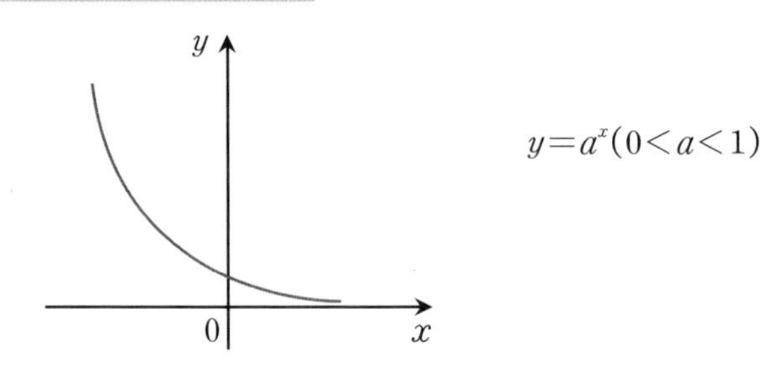

a가 1보다 큰 경우의 그래프를 보면, x의 값이 커질수록x축 오른쪽으로 갈수록 y의 값도 커져 전체적으로 보면 오른쪽 위로 올라가는 모양이 됩니다. 그리고 지수적 증가의 특징으로 x의 값이 일정하게 커져도 y의 값은 차이가 점점 크게 나며 커집니다. 이것은 앞에서 단리법과 복리법을 통해 알 수 있었습니다.

a가 1보다 작은 경우 그래프를 보면, 이때에는 x의 값이 커질수록 y의 값은 작아지고 오른쪽 아래로 향하는 모양이 됩니다.

이 지수함수의 그래프와 비슷한 모양으로 $y=x^2$이 있습니다. 물론 양의 실수로 범위를 한정할 때이죠. 두 그래프가 모습이 비슷하고, $y=x^2$ 역시 점점 차이가 벌어지며 증가하기는 하지만 $y=2^x$가 증가하는 속도를 따라오지는 못합니다.

$x \geqq 0$에서 $y=x^2$과 $y=2^x$의 그래프

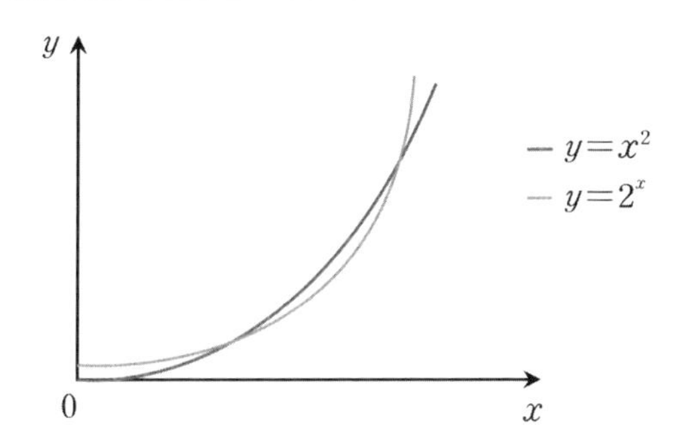

그러면 일반적인 지수함수의 그래프에 대해 다시 볼까요?

$y=2^x$의 그래프는 좌표 $(0, 1)$을 지납니다. 증가하거나 감소하는 곡선 모양이고요. 그리고 함수값은 항상 양+임을 알 수 있습니다. 즉 a^x의 값은 항상 0보다 큽니다. 두 그래프 모두 x축에 점점 다가가는 모양을 띄고 있습니다. 이처럼 곡선이 직선에 다가가지만 만나지 않는 경우 이 직선을 점근선이라고 합니다. $y=a^x$ 형태의 점근선은 x축$_{y=0}$이 되는 거죠.

이 형태를 기본으로 하여 더 복잡한 형태의 지수함수들을 그릴 수 있습니다. 복잡한 형태는 여기서는 다루지 않겠습니다. 후에 고등학교에서 평행이동, 대칭이동 등을 이용해 이것들의 그래프를 그릴 수 있게 될 겁니다. 간단한 지수함수의 그래프를 그려 본 것을 끝으로 오늘 수업은 마치겠습니다. 다음 시간에는 이 지수함수의 그래프를 우리 주변에서 찾아보도록 하겠습니다.

두번째
수업 정리

❶ 단리법은 원금에 대한 이자가 고정적이나, 복리법은 이자가 점점 늘어나 저축 기간이 길어지면 복리법이 더 큰 위력을 발휘합니다.

❷ 지수를 실수까지 확장하여 지수함수 $y=a^x$ 의 형태를 그려 봅니다.

❸ 지수함수의 그래프는 빠른 속도로 증가하는 형태, 혹은 감소하는 형태를 가집니다.

❹ 밑이 1보다 큰 경우에는 증가하는 곡선 형태이고, 밑이 1보다 작은 경우에는 감소하는 곡선 형태입니다. a^x 은 항상 0보다 큰 값을 가지고 x축에 점점 다가가는 모양을 갖습니다.

현수선

우리 주변에서 현수선을 찾아봅니다.

세 번째 학습 목표

1. 현수선이 무엇인지 알아봅니다.
2. 우리 주변에서 현수선을 찾아보고, 수학이 우리 주변 가까이에 존재함을 느낍니다.

미리 알면 좋아요

포물선 포물선은 이차함수의 그래프로, 물체를 공중으로 던졌을 때 땅에 떨어지는 모양처럼 볼록한 모습의 곡선입니다.

여기는 부산 해운대 모래사장.

뉴턴은 밧줄과 테니스공을 가져왔습니다.

"자, 오늘은 내가 밧줄과 테니스공을 가져왔습니다. 먼저 테니스공을 공중으로 던져볼 테니 공이 날아가는 모양을 잘 살펴보세요. 던집니다!"

"어떤 모양으로 공이 날아갔는지 얘기해 볼까요?"

아이들이 대답합니다.

"둥근 모양이요."

"산 모양이요."

"밥그릇을 엎어 놓은 모양이요."

"맞아요, 다들 비슷한 모양들을 보았을 겁니다. 이렇게 공을 공중으로 비스듬하게 던졌을 때 중력에 의해 공이 떨어지는 모습이나, 대포를 공중으로 쏘았을 때 포탄이 땅에 떨어지는 경로처럼 위로 볼록한 모습의 곡선을 포물선이라고 합니다. 이차함수의 그래프도 이와 같은 모양이지요. 포물선의 이름도 여기에서 따 왔고요. 한자로는 抛物線던질:포, 만물:물, 실:선이지요. 이제 한 사람만 나와서 나를 도와주세요."

머뭇거리다가 한 학생이 나왔다.

"자, 내가 한 손으로 밧줄을 잡고 있어요. 다른 쪽 끝을 나와 같은 높이에서 잡아 주세요. 네, 됐습니다. 여러분, 밧줄이 늘어진 모습이 보이나요?"

"네, 조금 전에 본 포물선이 반대로 있는 모습이네요."

"맞아요, 조금 전이랑은 반대예요."

"네, 아까 우리가 공을 던지면서 보았던 포물선이랑 모습은 비슷하고 볼록한 것이 아래로 내려가 있는 모양이 나올 거예요. 그런데 이것은 포물선이 아니랍니다. 이런 모양은 '현수선' 이라고 해요. 두 곡선은 다른 곡선이지요. 사실 갈릴레오도 그의 책에서 이 늘어진 줄의 모양을 포물선이라고 주장했지요. 현수선은 줄을 양쪽에서 느슨하게 잡고 있을 때 밑으로 처지면서 그려지는 곡선을 말합니다. 이 이름도 한자를 보면 이해하기 쉬워요. 한자로는 懸垂線매달:현, 드리울:수, 실:선입니다. 그런데 이런 밧줄에서만 현수선을 볼 수 있는 건 아니예요."

위의 사진은 쇠줄을 늘어뜨렸을 때의 모습입니다. 일생생활에서 양쪽으로 당겨진 줄들을 찾기는 쉽습니다. 이 현수선의 예를 실생활에서 더 찾아볼 수 있을까요? 누가 이야기 해 볼까요?

"선생님, 전깃줄이요. 전봇대 사이에서 전깃줄이 늘어져 있잖아요."

"맞습니다. 현수선이 맞아요. 더 이야기 해 볼 사람?"

"선생님, 주차장에서 보면요. 차들을 막아 놓으려고 쇠사슬을 걸어 놓잖아요. 그때 늘어진 모습도 현수선인가요?"

네, 맞아요. 내가 또 한 가지 이야기해 볼까요? 병원에 가서 수액을 맞고 있는 환자를 본 적이 있을 겁니다. 수액 병은 보통 높이 달려 있죠. 그러면 병과 환자의 손을 잇는 튜브가 늘어지는 모양을 띄게 되는데, 이 모양도 현수선의 일부랍니다. 이렇게 우리 주변에서 현수선은 얼마든지 찾아볼 수 있어요. 그러면 오늘 왜 이렇게 현수선에 대해 이야기 하느냐. 이 현수선이 이전 시간에 배운 지수함수 그래프에서 만들어졌기 때문이랍니다. 현수선의 식은 아래와 같은데요.

$$y=\frac{a}{2}\left(e^{\frac{x}{a}}+e^{-\frac{x}{a}}\right)$$

여러분, 보기에도 어려운 식이죠? 위의 식을 유도하는 것은 고등학교 과정을 넘어섭니다. 우리는 아직 위의 식을 완벽하게 이해하기는 어려우므로 현수선이 두 지수함수의 합의 꼴이라는 정도로만 알아도 좋겠습니다. 또 e라는 문자가 보이시죠? 이것은 숫자인데요. π와 같이 순환하지 않는 무한소수랍니다.

이것을 단순하게 아래와 같이 생각해 볼 수 있어요. 아래는 $y=2^x$ 의 그래프예요.

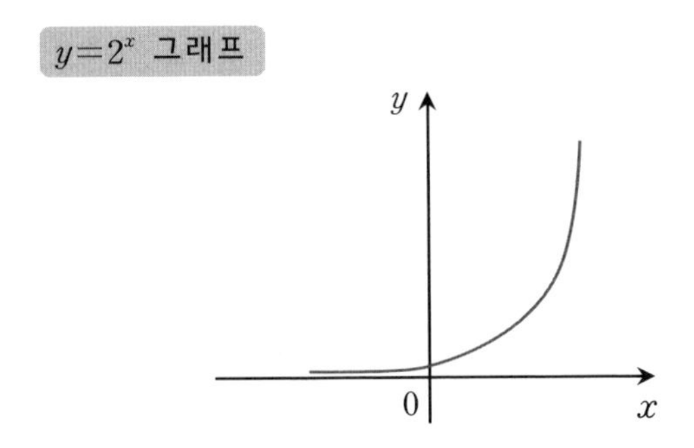

$y=2^x$ 그래프

그리고 다시 아래의 것은 $y=2^{-x}$ 의 그래프예요. 이건 위의 그래프를 y축을 대칭으로 접은 모양과 같아요.

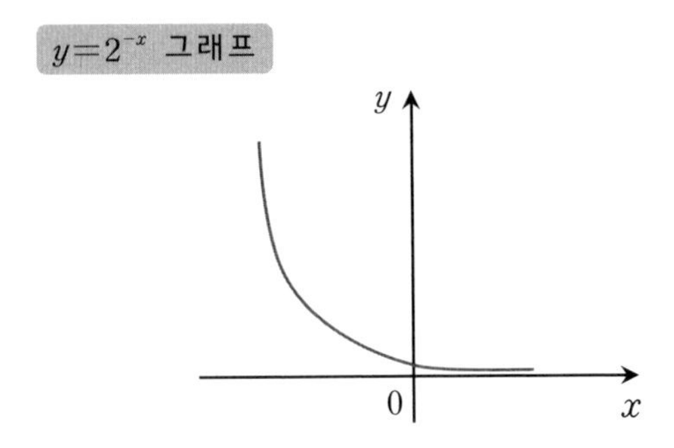

$y=2^{-x}$ 그래프

또한, $y=\frac{2^x+2^{-x}}{2}$의 그래프는 다음과 같답니다.

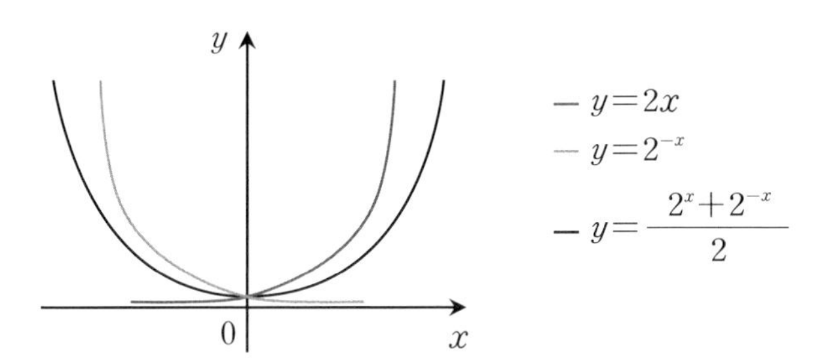

"뉴턴 선생님! 저는 현수교라는 말을 들어본 것 같은데요. 저기 보이는 다리 있잖아요."

"아, 광안대교 말인가요?"

"네. 보니까 기둥 두 개 사이에 줄이 늘어져 있는 것처럼 보여요. 저 광안대교가 현수교인가요?"

Golden Gate Bridge금문교

광안대교

"네, 맞아요. 광안대교를 현수교라고 부르죠. 현수교라 불리는 것은 미국에도 있어요. 자, 사진으로 보여 드릴게요."

왼쪽에 있는 사진은 미국에 있는 금문교이고, 오른쪽은 부산에 있는 광안대교랍니다. 둘이 비슷하게 생겼죠? 두 다리는 양쪽에 거대한 기둥을 세우고 케이블을 이용하여 연결한 현수선 모양이라서 현수교라고 부른답니다. 그런데 자세히 보면 케이블이 그냥 매달린 것이 아니라 케이블에 기다란 세로줄들이 매달려 있는 것이 보이지요? 이렇게 현수선 모양으로 처진 줄에 일정한 간격으로 하중을 주면, 현수선은 포물선으로 모양이 바뀌게 된답니다. 위의 다리를 보면 주 케이블에 일정한 간격으로 로프를 설치해 하중을 주고 있어 사실은 케이블이 포물선이 되지요. 그러니 현수교라고 부르는 용어는 절적치 않은 것이지요.

현수선을 뒤집으면 아치 모양이 되지요. 이 아치모양의 구조물은 현수선 모양이 되었을 때 가장 안전하다고 해요. 사진을 또 하나 보여 드리죠.

위 사진은 미국 세인트루이스에 있는 'Gateway Arch'입니다. 이것은 현수선을 뒤집은 모양입니다. 현수선을 뒤집은 모양의 아치는 곡선에 수직인 방향으로 조각을 내도 각각의 압력만으로 버티며 무너지지 않는 흥미로운 성질을 갖고 있다고 합니다. 이것을 건축에 이용해 볼 수도 있겠지요. 만약 지붕이나 문을 저런 현수선 아치 모양으로 짓는다면 잘 무너지지 않겠죠?

우리 주변에 이렇게 수학적인 것들이 참 많지 않습니까? 오늘 찾아본 것은 현수선에 대한 것이었는데도 참 많았어요. 수학이 우리 곁에 조금 가까이 있는 것 같습니까? 그것을 느꼈다면 그것만으로도 오늘 수업은 충분합니다. 다음 시간에는 우리가 배운 지수함수가 우리의 생활에 어떻게 활용되는지에 대해 더 알아볼 겁니다. 그럼 오늘 수업은 여기서 마칩니다.

뉴턴과 함께 하는 쉬는 시간 1

자전거 바퀴

여러분들 대부분 자전거를 타본 적이 있을 겁니다. 자전거 바퀴 모양은 어떠합니까? 너무 쉬운 질문인가요? 지금까지 탔던 자전거는 세발자전거이든 두발자전거이든 모두 동그란 원 모양이었을 겁니다. 물론 바닥도 평평해야 하지요. 바닥이 지나치게 울퉁불퉁하다거나 뾰족하다면 잘 달릴 수 없죠. 바퀴가 원이 아닐 때에도 이 바퀴를 굴러가게 할 수 있을까요? 아래 자전거를 봅시다.

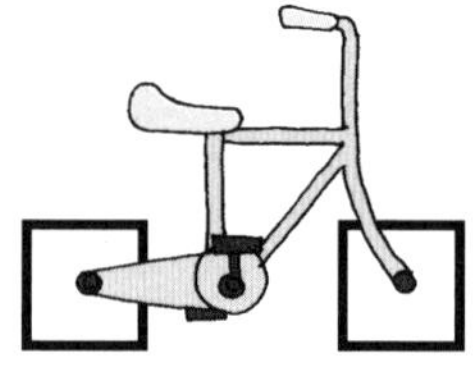

위 자전거는 정사각형 모양의 바퀴예요. 평평한 바닥에서는 당연히 굴러가지 않습니다. 그런데 이 자전거를 굴러가게 할 방법이 있다고 합니다. 바로 우리가 배웠던 현수선을 이용하면 된다고 합니다.

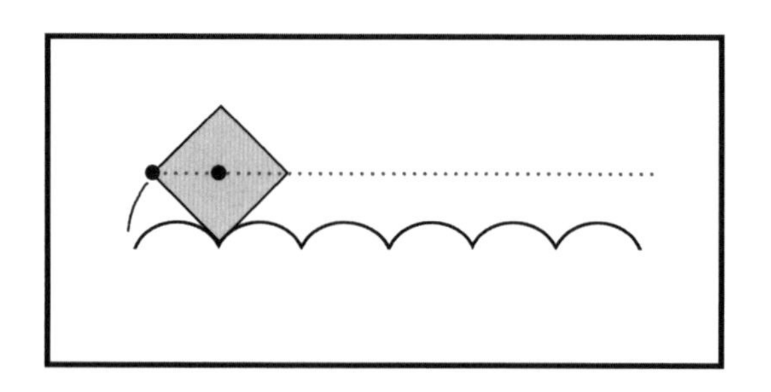

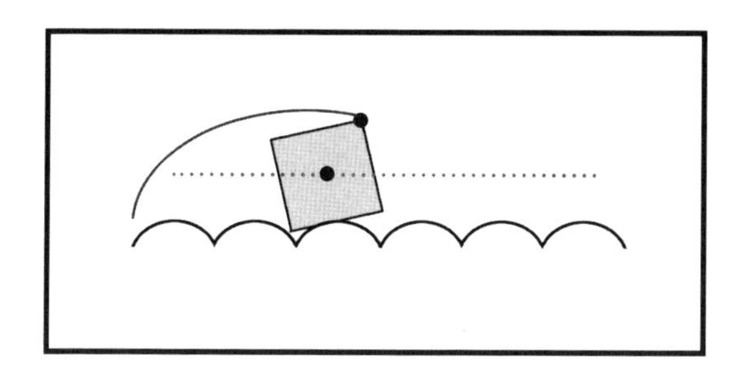

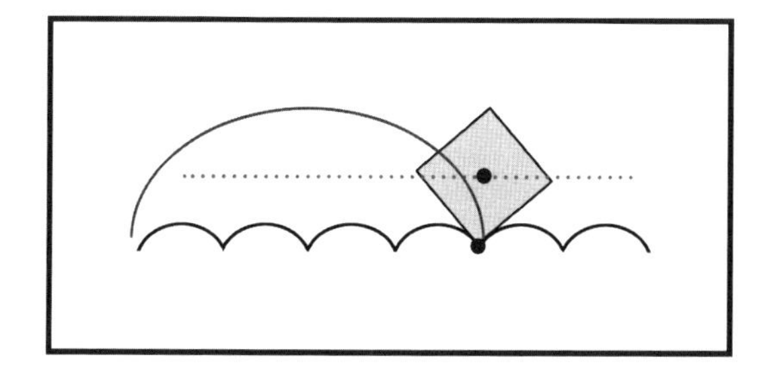

위의 그림처럼 바닥을 현수선으로 볼록볼록하게 만들면 이 정사각형 바퀴는 잘 굴러간다고 합니다. 물론 정사각형 타이어의 각 변이 볼록 튀어나온 모양 하나의 길이와 꼭 맞아야 하지만요. 또 이 현수선 바닥을 굴러갈 때 정사각형의 한 꼭짓점이 움직이는 모양도 현수선이 된다고 합니다.

여러분 중에 혹시 이런 자전거를 직접 만들어 보고 싶다는 생각이 드는 사람이 있습니까? 호기심을 가지고 실천해 보는 것은 공부를 하는 데 아주 좋은 태도이죠. 이 자전거를 실제로 만든 수학자가 있어요. 매커레스터 대학의 스탠 웨건이라는 수학자는 정사각형 바퀴가 달린 진짜 세발자전거를 만들었습니다. 그는 한 전시회에서 이것을 보게 되었다고 하는데요. "만들 수 있다는 것을 알았으니, 바로 실행해야 했습니다"라고 말했다고 합니다. 그가 만든 이 정사각형 바퀴의 세발자전거는 지금 매커레스터 대학의 과학관에 전시되어 있다고 합니다. 그리고 오각형과 육각형 같은 다른 다각형 모양도 거꾸로 된 현수선 위를 잘 지나갈 수 있습니다. 그러나 삼각형 모양의 바퀴는 굴러가지 않는다고 합니다.

스탠 웨건이 그가 만든 특별한 길 위에서 정사각형 바퀴의 세발자전거를 타는 모습

수학자들은 네 잎 꽃잎 모양, 눈물 방울과 같은 모양의 바퀴가 굴러갈 수 있는 길을 찾아냈어요. 아래 그림들은 바퀴와 그것이 굴러가게 할 수 있는 길들입니다.

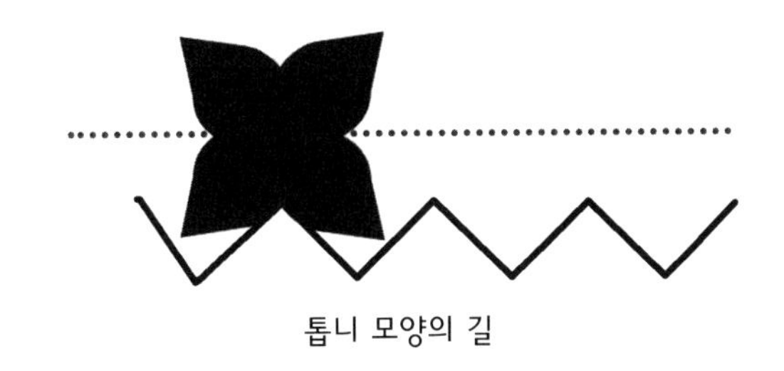

톱니 모양의 길

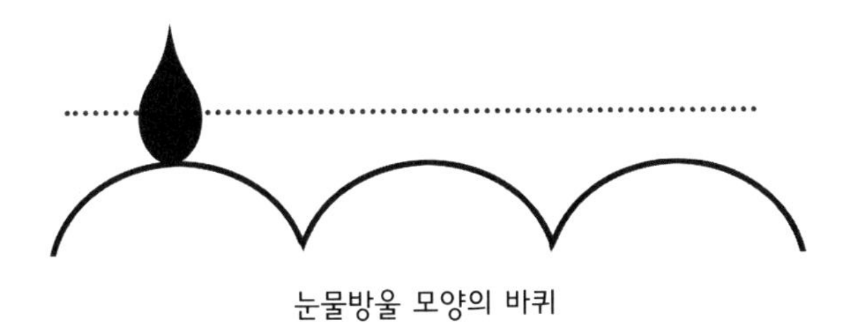

눈물방울 모양의 바퀴

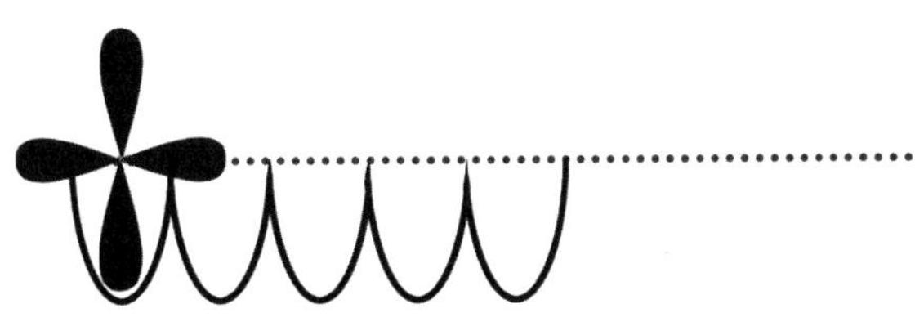

네 개의 길쭉한 꽃잎을 가진 바퀴 모양

여러분들도 한번 다른 모양의 바퀴와 길을 찾아보세요. 그런데 지금까지 누구도 길과 바퀴의 모양이 똑같은 것을 찾지는 못했다고 합니다.

세번째
수업 정리

❶ 현수선은 포물선과 모습은 비슷하나 다른 곡선으로 줄을 양쪽으로 느슨하게 잡고 있을때 밑으로 처지면서 그려지는 곡선입니다.

❷ 이 현수선은 두 지수함수의 합으로 표현할 수 있습니다.

❸ 우리 주변에서 현수선을 찾아볼 수 있습니다.

반감기와 지수함수

자연에서 찾을 수 있는
지수법칙을 배워 봅니다.

네 번째 학습 목표

1. 자연현상에서 지수적으로 감소하는 현상에 대해 공부합니다.
2.반감기란 무엇인지 알아보고 방사성 물질이 지수 함수적으로 감소함을 학습합니다.
3. 수학을 이용해 문제를 해결할 수 있음을 알아보고 수학의 유용함을 느껴봅니다.

미리 알면 좋아요

반감기 반감기란 어떤 양이 초기 값의 절반이 되는 데 걸리는 시간을 말합니다. 반감기 횟수가 커짐에 따라 남아 있는 양은 지수적으로 감소하게 됩니다.

오늘은 경남 고성의 공룡엑스포로 견학을 왔습니다.

약 2억 3천만 년 전 공룡처럼 생긴 도마뱀은 5백만 년 동안 완전한 공룡으로 진화했습니다. 공룡들은 1억 6천만 년이라는 오랜 기간 동안 지구의 최강자로 생활을 했죠. 그러다가 약 6천 5백만 년 전 지구상에서 사라졌습니다. 우리나라에도 공룡들이 살았습니다. 군郡 전역에 걸쳐 약 5천 여 개의 공룡 발자국 화석이 발견된 경상남도 고성군은 미국 콜로라도, 아르헨티나 서부와 함께 세계 3대 공룡발자국 화석 산지입니다.

뉴턴과 아이들은 엑스포에서 다양한 공룡 전시물들을 구경하고 실제로 공룡 발자국을 보기위해 상족암으로 갔습니다. 그곳에서 공룡 발자국을 구경하던 한 아이가 말했습니다.

"뉴턴 선생님! 제가 공룡 뼈를 발견했어요!"

"그게 공룡 뼈인지 어떻게 확신할 수 있지요?"

"네? 여기 공룡 발자국이 있잖아요. 발자국 근처에서 제가 뼈를 찾았으니 당연히 공룡 뼈겠죠!"

"에, 그렇게 추측만을 가지고 단정을 해서는 안 돼요. 조사를 해보고 확실한 근거를 가지고 말해야지요."

"어떻게 조사를 하나요? 이 뼈다귀를 갖고요?"

"그것은 뼈 속의 탄소 C^{14}와 C^{12}의 비를 측정하면 알 수가 있습니다."

"와, 정말이요?"

공기 중의 C^{14}대 C^{12}의 비는 일정합니다. 모든 식물과 동물은 살아있는 동안 호흡을 하므로 동일한 비율을 유지합니다. 그런데 생물이 죽게 되면 탄소의 공급이 중단됩니다. 호흡을 하지 않고 음식물을 섭취하지 않기 때문이죠. 지금 하고 있는 이야기가 좀 어려울 수도 있을 겁니다. 너무 부담 갖지 말고 이야기처럼 그냥 들으세요. 조금 어려운 말들은 나중에 여러분들이 알게 될 것들이니까요. 이렇게 생물이 죽게 되면 C^{14}는 방사성 동위원소여서 스스로 붕괴하는데 C^{12}는 그대로 있어요. 그러니까 시간이 흐르게 되면 이 C^{14} 대 C^{12}의 비가 감소하게 되는 거죠. 따라서 뼈다귀 속의 C^{14}가 공기 중에 있는 C^{14}와 비교해 몇 %가 감소되었는지를 알면 이 뼈의 나이를 알 수 있습니다. 리비라는 사람은 이것으로 노벨상을 타기도 했죠. 친구에게 부탁해서 이 뼈의 C^{14} 양量을 조사해 달라고 해야겠군요.

자, 조사가 끝났다고 합니다. 결과가 어떻게 나왔을까요?

조사 결과를 보니 C^{14}가 원래 있어야 할 양의 25%밖에 남아 있지 않았다고 합니다. 그럼 이 뼈의 나이를 어떻게 계산할까요. 남아 있는 양이 25%이므로 감소한 양은 75%가 되겠죠. 즉 C^{14}

가 75% 감소하는 데 걸리는 시간을 계산하면 됩니다. 방사성 물질은 붕괴 속도가 현재의 질량에 비례해서 지수함수적으로 감소하게 됩니다. 지수함수적 붕괴의 반감기란 어떤 양이 초기 값의 절반이 되는 데 걸리는 시간입니다. 분해의 대부분은 초반부에는 아주 빨리 진행되지만 그 뒤 원자가 얼마 남지 않게 되면 전체적으로 분해 속도가 느려집니다. 그러나 아무리 적은 양에도 방사능을 발산하는 원자들은 남아 있죠.

지나간 반감기 수	남게 되는 양%
0	100%
1	50%
2	25%
3	12.5%
4	6.25%
5	3.125%
6	1.5625%
7	0.78125%
N	$\frac{100\%}{2^N}$

방사성 동위원소가 반감기 단위의 시간이 지남에 따라 그 반만 남아 있는 것을 그린 그래프이다. 2 반감기에는 $\frac{1}{4}$, 3 반감기에는 $\frac{1}{8}$ 등 한 반감기를 지날 때마다 $\frac{1}{2}$씩 줄어든다.

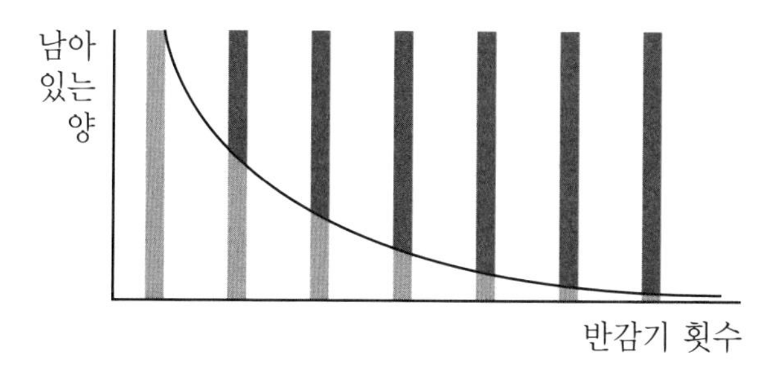

C^{14}의 반감기는 5730년입니다. 원래 양의 50%, 즉 $\frac{1}{2}$이 되는 데 걸리는 시간이 5730년이라는 것입니다. 그러면 두 번의 반감기가 지나면 남아 있는 양의 반이 남게 됩니다. 즉 $\frac{1}{2}$의 $\frac{1}{2}$이 남아 원래 양의 $\frac{1}{4}$, 25%가 남게 되고 이때 두 번의 반감기를 거친 시간은 $5730 \times 2 = 11460$년이 됩니다. 세 번의 반감기가 지나면 원래 양의 12.5%$\frac{1}{4}$의 $\frac{1}{2}$가 남게 되고 시간은 $5730 \times 3 = 17190$년이 됩니다.

이 뼈의 경우 25%가 남아 있었으므로 $\frac{1}{4}$, 즉 반감기가 두 번

지난 시간이 됩니다. 5730×2=11460, 이 뼈다귀는 11460년 전의 것이 됩니다. 그런데 공룡은 약 2억 5천만 년 전부터 6500만 년 전까지 지구상에 존재했으므로 공룡의 뼈가 아닌 것이죠.

이러한 방사성 연대 측정법은 선사시대의 유기물질에 남아 있는 방사능을 측정함으로써 그 연대를 결정하는 방법입니다. 예를 들어 어떤 유물에서 반감기가 100년인 원소가 $\frac{1}{4}$ 남아 있다면 우리는 그 유물이 반감기를 두 번 거친 기간, 즉 200년 전의 것임을 알 수 있습니다.

토리노의 수의는 예수의 형상이 나타나는 오래된 아마포인데 문헌의 기록은 1354년까지 거슬러 올라가지만 그 이전의 역사는 불분명합니다. 1578년 이래로 이탈리아 토리노 성당에 보존되어 숭배되고 있죠. 1988년 로마 교황청 주도로 과학적으로 분석한 결과, 수의 자체는 1260년 이전에 만들어진 것이 아니라고 결론이 났습니다. 방사성 탄소 연대 측정법을 통해서죠.

만약 여러분이 등산을 하다가 눈 속에서 미라를 하나 발견했다고 합시다. 이것을 가져다가 실험실에서 조사를 해봤더니 유골에 남아 있는 탄소의 비율이 52%라는 결과가 나왔다고 합시다. 이것은 대단한 역사의 흔적을 발견한 것이죠. 왜냐하면 반감기로 이것을 계산해 보면 약 5300년 전 것임을 알아낼 수 있으니까요.

물론 반대로 실제로는 그렇지 않으나 오래된 유물이라고 사기를 치는 것도 이런 방법으로 잡아낼 수 있겠죠.

이 반감기에 대한 내용은 여러분들이 고등학교에 들어가면 더 자세하게 배우게 될 것입니다. 여기서는 지수적으로 감소하는 자연현상에서의 예를 한 가지 들어본 것입니다. 이전에 우리가 배웠던 지수함수가 자연현상에 존재하고 또 이 지수함수를 이용해서 수학적으로 어떤 문제를 해결할 수 있다는 것을 느낄 수 있으면 충분합니다. 일생생활에서 나타나는 지수함수나 이것을 이용해서 여러 현상을 보거나 문제를 해결하는 예는 더 많습니다. 뒷장에서 그 예를 하나 더 보도록 하겠습니다.

네번째

수업 정리

❶ 자연현상에서 지수적으로 감소하는 현상을 찾아볼 수 있습니다.

❷ 반감기를 이용해 실제로 과거의 동물이나 유물의 연대를 측정할 수 있습니다.

❸ 지수함수를 이용해 일상생활의 여러 문제들을 해결할 수 있습니다.

냉각법칙과 지수함수

살인사건을 해결하는 지수함수를 알아봅니다.

다섯 번째 학습 목표

1. 뉴턴의 냉각법칙에 대해 알아봅니다.
2. 뉴턴의 냉각법칙을 활용할 수 있는 상황을 생각해 봅니다.

미리 알면 좋아요

일차함수, 다항함수의 그래프 일차함수는 $y=ax+b$처럼 일차식으로 표현된 함수로 일차함수의 그래프는 직선의 형태가 됩니다. 이차 이상의 다항함수는 함수식에 따라 다양한 곡선의 모양을 갖습니다.

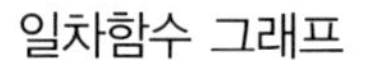

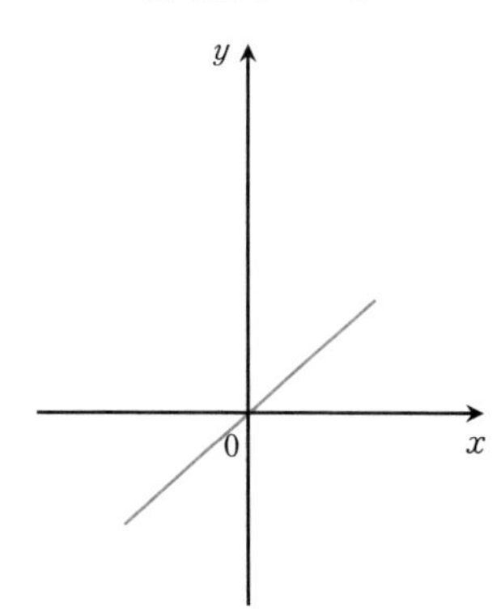

이차함수 그래프

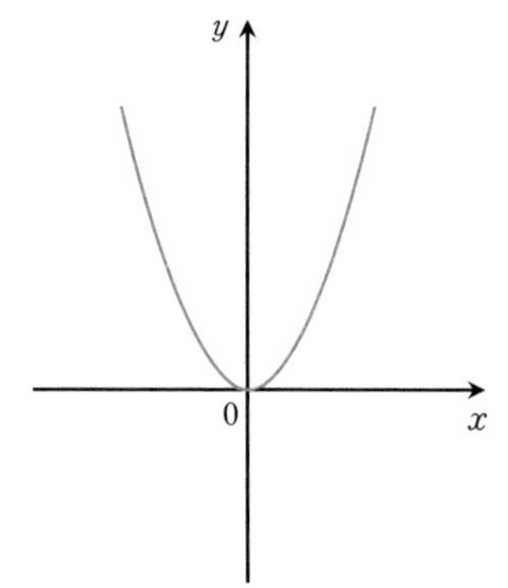

지금까지 우리는 지수적 증가와 감소에 대해 배우고 간단한 형태의 지수함수를 공부했습니다. 그리고 이전 시간에는 우리가 배운 지수함수를 이용하여 오래된 유물이나 생명체의 나이를 계산할 수 있다는 것을 배웠습니다. 물론 간단한 형태만 예로 들어봤는데요. 복잡한 경우는 나중에 고등학교 과정의 수학을 배우거나 대학에서 미분방정식 등을 배우면 더 다양한 경우를 계산해낼 수도 있습니다.

지수함수를 실생활에서 활용할 수 있는 경우는 훨씬 더 많습니다. 이 단원에서는 드디어 제 이름이 나오는 법칙이 나옵니다. 제가 이야기 할 법칙은 '뉴턴의 냉각법칙' 입니다.

내가 강의를 하면서 마시려고 따뜻한 코코아를 가지고 왔습니다. 분명 이 코코아는 지금 여기의 온도보다 높습니다. 모두 아시다시피 이 코코아는 그대로 두면 식게 됩니다. 그리고 온도는 점점 내려가 방안의 온도와 같아지게 되지요.

이런 경험은 여러분 모두 해 본 것들이죠. 뜨거운 물에 코코아를 타서 마시기 전 코코아가 적당히 식기를 기다려 본 경험들은 다들 있을 겁니다. 아니면 뜨거운 국이나 찌개를 먹을 때를 한번 생각해 볼까요. 코코아나 국이 식을 때 어떻게 식는지 기억이 나십니까? 시간이 지나면 지날수록 차츰차츰 식어 가던가요? 아마 그렇지 않았을 겁니다. 뜨거운 음료나 국은 처음에는 빠른 속도로 식어가다가 어느 정도 시간이 지나 대기 온도에 가까워지면 미지근한 상태에서 상대적으로 오랫동안 유지됩니다. 즉 뜨거운 물체의 온도 변화는 일차 함수적이지 않다는 것입니다. 그림으로 표현해 보면 직선의 형태가 아니라는 말이죠.

저는 이 온도 변화가 시간에 대해 지수함수 형태로 변하게 됨을 알아냈습니다. 이것이 '뉴턴의 냉각법칙' 입니다. 지수함수 형태의 변화는 과학에서는 흔한 일입니다.

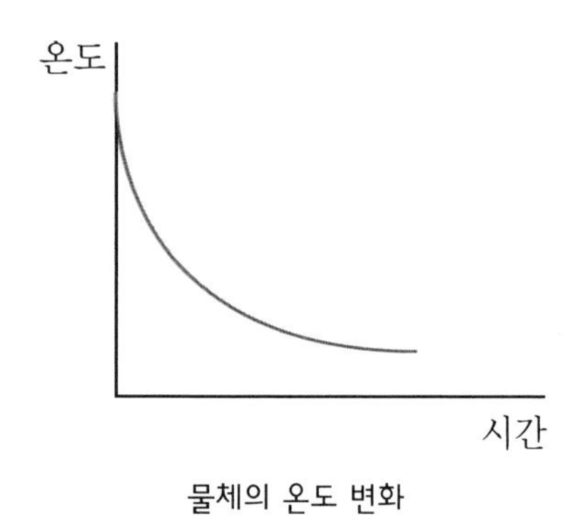

물체의 온도 변화

어떤 물체의 처음 온도를 T_0, t분 지난 후의 온도를 T, 주위의 온도를 T_S라고 할 때, 시간 t와 온도 T 사이의 관계는 다음 식과 같습니다.

$$T-T_S=(T_0-T_S)e^{-kt}$$

이 식이 너무 어렵죠? 물체의 온도는 지수함수적으로 변한다는 것만 아셔도 좋습니다. 여기서 k는 상수이고 T_0, T_S는 주어진 숫자에 불과하므로 식은 t에 관한 지수함수의 꼴이 됩니다. 여기서 e는 우리가 앞에서 보았던 무리수입니다.

이 뉴턴의 냉각법칙을 이용하면 방안에 있는 뜨거운 코코아가 언제쯤 몇 도까지 식는지도 알아낼 수 있습니다. 물론 이것을 계산하기 위해서는 로그를 알아야 합니다. 이 로그에 대해서는 다음 장에서 배울 것입니다. 로그는 큰 수나 복잡한 계산을 위한 아주 강력한 도구이죠. 물론 지금에서는 계산기나 컴퓨터가 훨씬 잘 해 주긴 하지만요. 로그에 대해서는 여기까지만 언급하고 다음에 공부해 보도록 합시다.

컵에 담긴 뜨거운 음료가 서서히 식어 가고 냉장고에서 꺼낸 차가운 음료는 서서히 데워져 모두 대기 온도에 가까워지고 이 시간에 따른 온도 변화는 지수함수로 표현된다고 하였는데요. 우리가 마시는 음료의 온도를 계산하는 것보다 훨씬 중요한 사건에 이 냉각법칙이 사용되기도 합니다.

조금은 섬뜩한 이야기가 될지도 모르겠지만 이 법칙으로 피살된 사람의 피살 시간을 추정할 수도 있습니다. 만약 자정에 어느 집에서 시체가 발견되었다고 합시다. 발견 당시 시체의 온도는 26℃이고 2시간 뒤에는 24℃가 되었다고 합시다. 그리고 집안의 온도는 18℃로 일정하다고 했을 때 이 사람의 죽은 시간을 구해낼 수 있습니다. 바로 위의 식을 이용해서요. 물론 위에서도 언급했다시피 정확한 계산을 위해서는 로그가 필요합니다.

이렇게 해서 계산을 하면 약 5시간 23분 전, 즉 오후 6시 37분 경에 사망한 것으로 추정할 수 있습니다. 사망 시간을 추정할 수 있으니 그 때 출입한 사람을 찾는다면 범인을 알아내는 데 중요한 단서를 줄 수 있을 것입니다.

여러분은 맬더스가 이야기했던 '인구는 기하급수적으로 증가하고 식량은 산술급수적으로 증가 한다' 는 말을 들어 보셨을 겁니다. 여기서 기하급수적으로 증가한다는 말은 지수적 증가를 이야기합니다. 지수적 증가는 앞에서 이야기한 것이죠. 산술급수적 증가라는 것은 일차함수적 증가를 말합니다. x값의 증가에 정비례해서 y의 값이 증가하는 함수입니다. 이것은 일정한 비율로 증가하며 그래프로 나타내면 직선의 형태가 됩니다.

이 둘을 한번 그래프로 표현해 볼까요?

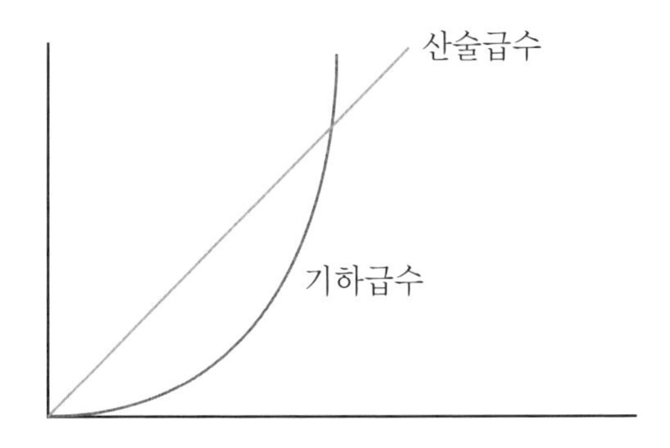

즉 식량의 증가가 인구의 증가를 따라잡을 수 없다는 이야기죠. 일차함수적 증가는 지수적 증가의 속도를 따라가지 못합니다. 일차함수적 증가만이 아닌 일반 다항함수$y=x^n$ 꼴입니다의 증가도 이 지수적 증가를 따라오지 못합니다. 예를 한번 들어 볼까요?

다항함수로 $y=x^{10}$을 택하고 지수함수로 3^x을 택해 봅시다.

x	x^{10}	3^x
2	1024	9
3	59049	27
5	9765625	243
7	282475249	2187
10	10000000000	59049
20	10240000000000	3486784401
30	590490000000000	205891132094649
50	97656250000000000	717897987691852588770249
70	2824752490000000000	2503155504993241601315571986085849 34자리
100	100000000000000000000	515377520732011331036461129765621272021025522001 48자리

위의 표에서 보이듯이 처음에는 다항함수의 증가속도가 더 빠르지만 어느 정도 지나면 지수함수가 훨씬 더 빠르게 증가함을

알 수 있습니다.

박테리아의 경우 두 배씩 세포분열을 하며 증가하는 지수적 증가로 시간이 지남에 따라 엄청난 양으로 그 수가 불어나지만 무한하게 증식할 수는 없습니다. 그랬다면 벌써 지구가 박테리아로 뒤덮였겠죠. 실제 세상에는 다양한 변수가 존재해 무한대로 증가하는 것은 불가능 합니다. 인구가 너무 많아지면 식량 부족으로 인한 기아 사망 또는 전쟁으로 그 수가 줄어들게 되는 것처럼 말이죠.

이제 지수 이야기는 여기서 마치도록 하고 다음부터는 로그에 대해 이야기 할 것입니다. 그런데 다음에 이야기할 로그는 이 지수와 동전의 앞뒷면 같은 관계가 있어요. 지금까지 배운 지수함수를 로그를 배울 때 떠올릴 수 있도록 잘 기억해 두도록 합시다.

다섯번째

수업 정리

1. 물체의 온도 변화는 지수함수의 형태를 갖습니다.

2. 냉각법칙을 이용해 여러 현상을 수학적으로 해결할 수 있습니다.

3. 지수적 증가는 일차함수나 다항함수의 증가보다 훨씬 빠른 속도로 증가합니다.

로그적 증가

로그적 증가를 통해

과일을 더 달고 맛있게 먹어 봅시다.

여섯 번째 학습 목표

1. 실험을 통해 '베버의 법칙'을 직접 느껴 봅니다.
2. 베버의 법칙을 통해 로그적 증가에 대해 알아봅니다.

미리 알면 좋아요

베버의 법칙 처음 자극의 세기가 크면 뒤에 오는 자극의 변화가 커야 변화를 느낄 수 있고 처음 자극의 세기가 작으면 작은 변화도 감지할 수 있다는 것으로, 예를 들어 조용한 곳에서는 작은 소리도 잘 들리나 시끄러운 곳에서는 큰 소리여야 들을 수 있는 현상을 말합니다.

오늘은 실험을 함께 합니다.

뉴턴은 실험도구들을 가지고 왔습니다.

크기가 똑같은 여러 추들입니다.

오늘은 여러분들과 실험을 한 가지 하려고 합니다. 나와 실험을 해 줄 학생은 좀 나와 주시겠습니까? 맞고 틀리는 것이 아니니 그냥 솔직하게 이야기해 주면 됩니다.

자, 여기 내가 추를 여럿 가지고 나왔습니다. 크기와 모양이 다 똑같습니다. 그런데 무게는 똑같지 않습니다. 내가 무게를 정확히 재려고 저울도 가지고 왔습니다. 작은 무게도 잘 잴 수 있는 전자저울입니다. 사실 추에는 내가 무게를 미리 재서 식별할 수 있는 표시를 해 두었습니다. 그러나 여러분은 숫자로 표시되어 있지 않아서 각각의 추의 무게를 알지는 못할 겁니다.

실험은 간단합니다. 내가 먼저 하나의 추를 손에 올려놓습니다. 그리고 다음에 추를 추가하여 얹을 때 무게의 변화가 느껴지면 내게 이야기를 해 주면 됩니다. 자, 올려놓겠습니다. 내가 지금 올려놓는 것은 30g짜리 추입니다. 그럼 추를 더 올릴게요. 무게의 변화가 느껴질 때 바로 나에게 얘기를 해 주세요.

"느껴지나요?"

"아니요, 선생님."

"그럼 다른 것을 얹어 보겠습니다. 느껴지나요?"

"아니요, 선생님."

"그럼 빼고 이것을 얹어 볼게요. 어때요?"

"선생님, 조금 무거워진 게 느껴져요."

“지금 내가 추가로 얹은 추는 1g이에요.”

“그럼 이제 30g 추를 빼고 60g 추를 얹어 놓겠습니다. 또 추가로 추를 올려놓을 테니 말해 주세요.”

뉴턴은 추를 추가해서 얹었습니다. 그리고 학생이 무게의 변화가 느껴진다고 얘기할 때, 추가된 추의 무게를 재어서 알려 주었습니다. 이번에는 2g짜리 추를 얹었을 때 느껴진다고 하였습니다.

다시 120g 추를 손에 얹고 역시 추를 추가로 얹어 학생에게 질문을 하였습니다. 이번에는 4g 추를 얹었을 때 무게의 변화를 느꼈다고 대답을 하였습니다.

이때, 한 학생이 질문을 했습니다.

“선생님, 이상해요. 서연이가 처음에는 1g를 더 얹었을 때 무게가 달라졌다고 했는데, 나중에는 4g이나 더 얹어야 무게가 달라졌다고 하네요.”

처음에는 1g의 변화로도 그것을 느낄 수 있었지만, 후에는 4g이나 더 무거워져야 그 무게의 차이를 느낄 수가 있었습니다. 처음 추의 무게가 커지면 변화되는 추의 무게도 더 커져야 변화를 느낄 수가 있습니다. 이렇게 처음 자극의 세기가 크면 뒤에 오는 자극의 변화가 커야 변화를 느낄 수 있고, 처음 자극의 세기가 작으면 작은 변화도 감지할 수 있다는 것을 '베버의 법칙'이라고 합니다. 즉, 자극의 변화여기서는 무게의 변화는 처음 자극무게의 세기에 따라 달라진다는 것을 말해 주는 것입니다.

처음에 받고 있는 자극이 강하면 반응의 변화를 일으키기 위해 더 큰 자극을 추가해야 한다는 것입니다. 이를 생리학자 베버가 발견하여 그의 이름을 따서 '베버의 법칙'이라고 합니다.

이렇게 감각으로 구별할 수 있는 한계는 물리적 양의 차가 아니고 비율 관계에 의해 결정이 되는데요. 이러한 현상은 실생활에서 많이 찾아볼 수 있습니다.

지금처럼 조용한 교실에서는 내가 작게 이야기해도 여러분들이 모두 들을 수 있죠. 그러나 시장이나 찻길처럼 소음이 심한 곳에 가면 목소리를 크게 해야 이야기를 들을 수 있을 겁니다. 요즘

엔 이어폰으로 음악을 많이 듣습니다. 귀에는 별로 안 좋다고 하지만요. 이렇게 이어폰으로 음악을 듣고 있는 사람은 큰 소리로 말하게 됩니다. 음악을 듣고 있는 사람은 음악을 듣지 않는 것보다 처음 자극이 강하니 더 큰소리로 말을 해야 자기가 하는 말을 알아들을 수 있기 때문이죠.

또, 낮에는 밤보다 방에 형광등이 켜져 있는지 잘 알 수 없죠. 어두운 곳에서는 촛불 하나만 켜져 있어도 밝다고 느낄 수 있지만 환한 곳에서는 촛불을 켜서 더 밝아졌다는 것을 못 느끼는 경우도 있습니다. 촛불이 하나 켜져 있는 방에 촛불 하나를 더 켰을 때 느끼는 정도는 두 개가 켜져 있을 때 하나를 더 켠 것보다 더 강하게 느껴집니다.

"여러분도 이런 예를 찾아볼 수 있나요?"

"선생님, 저는 과일을 먹을 때 별로 달지 않은 것부터 먼저 먹어요. 그래야 둘 다 맛있게 느껴지거든요. 처음에 배나 수박처럼 아주 단 과일을 먹으면 그 다음에 사과나 감처럼 덜 단 것을 먹을 때 사과와 감이 맛이 없게 느껴지거든요. 그래서 저는 사과를 먼저 먹는답니다. 이런 것도 선생님이 말씀하신 예가 될 수 있나요?"

"하하, 재미있는 예이군요. 그런 것도 당도를 느끼는 것의 예가 될 수 있겠지요."

"선생님, 밤에 하늘을 보면요. 별이 몇 개 안 보여요. 그런데 제가 예전에 시골 할머니 댁에 갔을 때에는 밤하늘을 보니 별이 많이 보이더라고요. 더 밝게 보이기도 하고요."

"맞습니다. 그러한 현상도 예가 될 수 있습니다."

지금 이야기를 나눈 이 '베버의 법칙'에 바탕을 두고 물리학자 이자 철학자인 '페히너'는 "감각의 양은 그 감각이 일어나게 한 자극의 물리적인 양의 로그에 비례한다"라는 페히너의 법칙을 유도하였습니다. 제가 이전에 잠깐 언급했던 '로그'라는 말이 나오는군요. 우리는 아직 로그를 잘 모르긴 합니다. 이 법칙을 그림으로 나타내면 아래와 같습니다. 우선 그래프를 먼저 보죠.

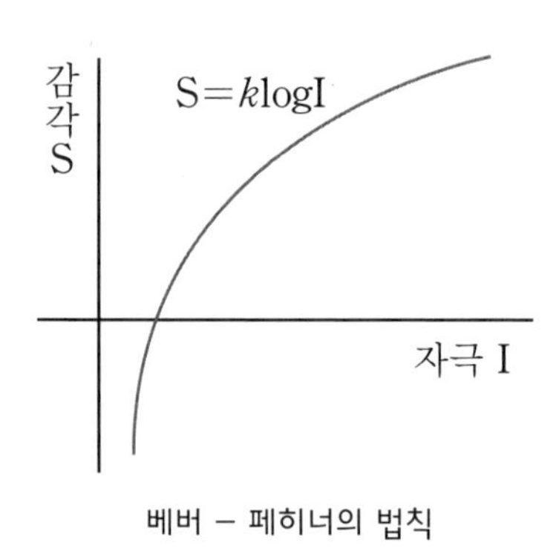

베버 – 페히너의 법칙

위의 그래프는 오른쪽으로 갈수록 위로 올라가는 모양입니다. 즉, 증가하는 형태입니다. 이런 증가하는 형태는 여러 가지 모양이 있죠. 우선 간단한 직선 형태가 있고 또 앞에서 배웠던 지수함수의 그래프 모양도 증가하는 형태입니다. 지수함수의 그래프의 특징은 증가하는 폭이 점점 커지는 형태였습니다. 그러나 위의 그래프를 보면 증가하는 폭이 점점 작아집니다. 이를 각각 지수적 증가와 로그적 증가라고 해 봅시다.

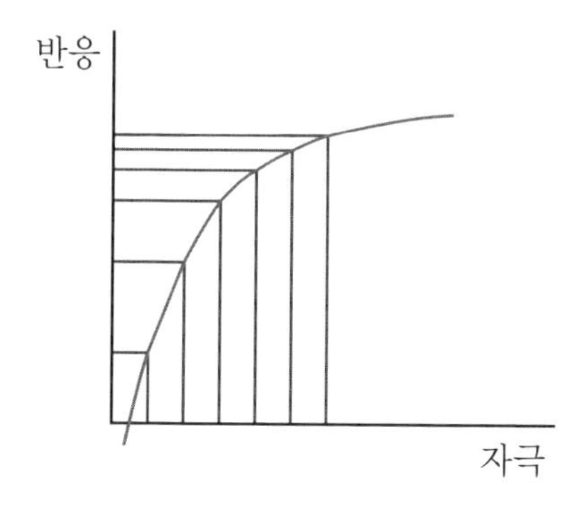

로그적 증가는 오른쪽으로 증가하는 폭이 일정할 때 그에 해당하는 값을 세로축에서 찾아보면 증가폭이 점점 줄어드는 것을 알 수 있습니다. 지수함수의 그래프가 증가폭이 점점 커지며 증가하는데 반해, 이 그래프는 증가폭이 점점 작아지며 증가하고 있죠.

거꾸로 말해 반응이 증가하는 폭을 일정하게 하려면 주어지는 자극은 점점 더 커져야 하죠. 30g의 추에서 무게의 변화를 느끼는 데 1g짜리 추가 필요했다면 120g의 추가 주어진 경우에는 무게의 변화를 느끼는 데 4g짜리 추가 필요했듯이 말입니다.

베버-페히너의 법칙은 우리 몸이 느끼는 감각이 로그적임을 말해 주었습니다. 이어서 로그의 그래프를 살짝 엿보기도 했습니다. 그러면 다음에서 로그에 대해 좀 더 자세히 알아봅시다. 그리고 지수와 로그가 어떤 관계가 있는지도 알아볼 것이고요.

여섯번째 수업 정리

1. 실험을 통해 우리의 감각은 반응이 증가하는 폭을 일정하게 하려면 주어지는 자극은 점점 더 커져야 한다는 것을 알 수 있습니다.

2. 로그적 증가는 증가하는 폭이 점점 작아집니다.

3. 베버-페히너의 법칙은 우리 몸이 느끼는 감각이 로그적임을 말해 줍니다.

7 교시

로그

로그를 만나면 어려운 계산도 쉬워집니다.
로그의 세계를 구경해 볼까요?

일곱 번째 학습 목표

1. 두 수열을 이용하여 곱셈을 덧셈으로 바꾸는 작업을 해 봅니다.
2. 이런 작업을 통해 log 기호의 정의를 만들어 봅니다.
3. 로그의 정의를 익히고 로그의 성질을 알아봅니다.

미리 알면 좋아요

1. **지수법칙** 밑이 같은 경우 두 수의 곱셈은 지수끼리 더하여 계산합니다. 두 수의 나눗셈은 지수끼리 뺍니다.

$$a^m \times a^n = a^{m+n},\ a^m \div a^n = a^{m-n}$$

2. **등차수열** 1, 2, 3, 4 …… 와 같이 하나의 수에 일정한 수를 더하며 만든 수열을 말합니다.

3. **등비수열** 2, 4, 8, 16 …… 과 같이 하나의 수에 일정한 수를 곱하며 만든 수열을 말합니다.

문제1

아래 문제들의 답을 구하시오.

(1) $13+45$

(2) 24×426

(3) $45\div23$

(4) 100×100000000

(5) $10^2\times10^8$

(6) $2^6\times2^3$

(7) $2768\times(52)^{21}\div(7.24)^{17}$

"자, 이제 시간이 되었습니다. 주어진 문제는 모두 푸셨나요?"

"맨 아래 문제가 너무 어려워요, 선생님."

"위에 있는 것들은 구했는데, (7)번은 못 풀어요, 선생님."

"그래요, (7)번은 못 풀었을 거예요. 게다가 주어진 20분 안에 계산기 없이 풀지 못하는 건 당연합니다. 그런데 시간을 넉넉히 주면 (7)번을 풀 수 있나요?"

"2시간 주시면 풀 수 있을 것 같아요."

"만약 문제를 $2768 \times (52)^{3789} \div (7.24)^{1719}$으로 바꾸면 2시간 안에 풀 수 있나요?"

"네? 52를 21번 곱하고, 7.24를 17번 곱해야 하는 것도 힘든데요. 선생님, 그런 문제는 풀 수 없습니다. 시간이 어마어마하게 걸릴 걸요."

"맞습니다. 고친 문제를 손으로 풀려면 많은 시간이 걸릴 겁니다. 계산기를 쓰더라도 한참 걸리겠죠. 그런데 이것을 편리하게 계산할 수 있는 방법이 있어요. 그 도구를 이제 우리가 배워 보려고 합니다. 일단 (7)번 이야기는 나중에 다시 하도록 하고 위에 있는 문제들부터 함께 보도록 합시다."

(1), (2), (3)번 문제는 뭐 제가 답을 얘기하지 않아도 모두들 아주 쉽게 해결했을 겁니다. (4)번을 볼까요? 100 곱하기 1억입니다. 이것을 어떻게 풀었는지 궁금한데요. 이 문제는 (5)번과 같은 문제예요.

(5)번은 (4)번의 문제를 지수형태로 표현한 것이죠. (4)번과 (5)번 둘 다 답은 100억이죠. 100억은 지수로 표현하면 10^{10}이 되지요. (6)번을 볼까요? $2^6 \times 2^3$은 풀어보면 $(2\times2\times2\times2\times2\times2)\times(2\times2\times2)$가 되죠. 2가 몇 개 있나요? 2를 9번 곱하니 이것을 지수형태로 표현하면 2^9이 됩니다. 사실 밑이 같은 수의 곱셈은

지수끼리 더하면 됩니다. 이것은 '지수법칙' 중 하나죠. 다시 문제를 하나 내 볼까요? $3^4 \times 3^5$은 얼마일까요?

맞습니다. 지수법칙을 적용해 보면 3^9이 되지요.

자, 기억해 두고 넘어갑시다.

$$a^m \times a^n = a^{m+n}$$

뉴턴 선생님이 칠판에 수열을 적습니다.

0	1	2	3	4	5	6	7	8	9	10	11	12	13
1	2	4	8	16	32	64	128	256	512	1024	2048	4096	8192

여러분, 내가 두 가지 수열을 칠판에 적었는데, 규칙을 찾아볼 수 있나요?

위의 수열은 등차수열입니다. 1씩 증가하고 있죠. 아래의 수열은 등비수열입니다. 지수적 증가임은 앞에서 배워서 알 겁니다. 하나의 수에 일정한 수를 곱해 가며 만들어진 수열입니다. 두 수열 사이 관계도 보일 겁니다. 아래 있는 수열은 2의 거듭제곱, 즉 2^n꼴입니다. 그런데 여기서 n이 위의 수열의 값이라는 것도 보입니까? $2^5=32$, $2^8=256$이니까요.

그러면 여기서 다시 문제를 하나 내겠습니다. 64×128을 구해볼까요?

답은 8192가 맞습니다. 그럼 문제를 하나 더 냅니다. 8×256은 얼마일까요? 네, 2048이 맞습니다. 그런데 8192가 칠판의 수열에서 보이는군요? 다음을 볼까요?

$$\begin{array}{ccccc} 3 & + & 8 & = & 11 \\ \updownarrow & & \updownarrow & & \updownarrow \\ 8 & \times & 256 & = & 2048 \end{array}$$

8 곱하기 256은 2048이죠. 그런데 8에 해당하는 값 3과 256에 해당하는 값 8을 찾아 더하면 11이 되고 11에 해당하는 등비수열 값을 찾으면 2048이 됩니다. 이것은 64×128의 경우도 마찬가지이죠.

$$
\begin{array}{ccccc}
6 & + & 7 & = & 13 \\
\updownarrow & & \updownarrow & & \updownarrow \\
64 & \times & 128 & = & 8192
\end{array}
$$

내가 낸 문제들은 곱셈 문제였습니다. 그런데 덧셈만 하면 답이 나오게 되죠. 그럼, 나눗셈의 경우라면 어떻게 될까요? 2048÷64를 해 볼까요? 답은 32죠. 이것도 한번 관계를 찾아볼까요? 2048에 해당하는 값은 11, 64는 6, 32는 5입니다. 어떤 관계일까요? 예를 더 들어 보면 쉽겠지만 이것은 뺄셈 관계입니다. $11-6=5$. 그래서 2^5, 32가 나오게 된 겁니다. 곱셈과 나눗셈의 문제가 덧셈과 뺄셈의 문제로 바뀌게 된 겁니다.

내가 log라는 표현으로 두 수열의 관계를 다시 써 보겠습니다.

$$\log 1=0,\ \log 2=1,\ \log 4=2,\ \log 8=3,$$
$$\log 16=4,\ \log 32=5,\ \log 64=6$$

$$\log 1=0,\ \log 2^1=1,\ \log 2^2=2,\ \log 2^3=3,$$
$$\log 2^4=16,\ \log 2^5=5,\ \log 2^6=6$$

위와 같이 약속을 했을 때 log1024의 값은 어떻게 될까요? 1024는 2^{10}이죠. $\log 2^{10}$이 되므로 값은 10이 됩니다.

그런데 이 경우는 우리가 2의 거듭제곱으로 수열을 나열하기로 약속했을 때이지만 만약에 다른 수의 거듭제곱인 경우는 어떻게 해야 할까요?

0	1	2	3	4	5	6	7	8	9	10	11
1	3	9	27	81	243	729	2187	6561	19683	59049	177147

이 경우에도 곱셈과 나눗셈에서 위와 같은 방법으로 덧셈과 뺄셈으로 바꾸어서 계산할 수 있지만 바로 앞에서 표현했던 log를 똑같이 쓰기는 어려울 것입니다. 이 경우에는 log9＝2가 될 테니까요. 그래서 log 기호를 조금 바꿀 필요가 있겠습니다. 즉, 2 또는 3과 같이 어떤 수를 정해 줄 필요가 있는 거죠. 이것을 기호에 이렇게 넣습니다.

$$\log_2 4=2,\ \log_3 9=2$$

이것은 $\log_2 2^2=2$이고, $\log_3 3^2=2$임을 뜻합니다.

$\log_a x$로 표현할 때 a를 '밑'이라 하고 x를 '진수'라고 한다.

우리는 지금까지 $\log_2 512$는 $\log_2 2^9$이 되어 이 값이 9임을 알 수 있었습니다.이렇게 약속을 한 것이지만요. 밑이 2가 아닌 다른 수인 경우 일반적으로 $\log_a a^m=m$이 됩니다.

즉, 밑과 진수가 같으면 진수의 지수가 로그를 취한 값이 됩니다.

그런데 밑과 진수가 다른 경우는 어떨까요? 예를 들어 $\log_2 9$는 어떤 수일까요? $\log_2 8=3$입니다. $\log_2 16=4$이고요. $\log_3 27=3$, $\log_3 81=4$이죠. 위의 식들을 다시 보면 첫 번째의 경우 $2^3=8$, 두 번째의 경우는 $2^4=16$. 다시 말해, $\log_a x=y$인 경우 $a^y=x$임을 알 수 있습니다.

세 번째 예를 보면 $3^3=27$, $3^4=81$이 되어 위의 식이 성립함을 알 수 있습니다.

그러면 다시 $\log_2 9$는 어떤 수일까요? $\log_2 9$를 어떤 수 x라고 해 봅시다. $\log_2 9=x$. 그러면 이 식은 $2^x=9$와 같은 의미를 갖게 됩니다. 즉, x는 $2^x=9$를 만족하는 수가 되는 것입니다. 그러나 정수에서 이 값을 찾을 수는 없습니다. 이 수를 유리수나 소수로 표현하기는 어려우므로 $\log_2 9$로 표현해 두고 그 값의 의미는 2를 거듭제곱해서 9가 되는 수가 됩니다.

로그 기호를 이와 같이 약속하게 되면 로그는 지수로, 거꾸로 지수는 로그로 표현을 할 수 있게 됩니다. 설명이 조금 길었군요. 다시 한번 정리할게요. 아래 네모를 꼭 기억해 둡시다.

$$\log_a a^m = m$$
$$\log_a x = y \Leftrightarrow x = a^y$$

이전에 주어진 두 수열을 통해 두 수의 곱셈을 덧셈으로 계산하여 결과를 구할 수 있었습니다. 그러면 log를 써서 다시 한번 볼까요?

8×16의 경우 $2^3 \times 2^4$이 되고 그 결과는 $3+4$를 이용해 2^7이 됨을 알 수 있습니다. 그래서 $\log_2(8 \times 16) = 7$이 됩니다. 이 과정을 다시 한번 볼까요? $\log_2(2^3 \times 2^4)$에서 $3+4$의 과정이 나오려면 $\log_2 2^3 + \log_2 2^4 = 3+4$, 즉 덧셈으로 바꾸어야 계산이 됩니다. 사실 로그 계산은 곱셈을 덧셈으로 바꾸어 주는 과정으로, $\log_a(a^m \times a^n) = \log_a a^m + \log_a a^n$가 됩니다. 이 값은 $m+n$이 되겠죠. 조금 더 일반적으로 써 보면 $\log_a(x \times y) = \log_a x + \log_a y$가 됩니다. 나눗셈은 뺄셈으로 바뀌어 $\log_a\left(\frac{x}{y}\right) = \log_a x - \log_a y$가 됩니다. 즉, 밑이 같은 로그 계산은 곱셈, 나눗셈을 덧셈, 뺄셈으로 바꾸어 줍니다.

$$\log_a xy = \log_a x + \log_a y$$

$$\log_a \frac{x}{y} = \log_a x - \log_a y$$

그런데 지금 내가 설명했던 로그는 처음에 만들어질 당시의 로그와는 조금 다릅니다. 그리고 지금 나는 지수 이야기를 먼저 하고 로그를 이야기했지만 역사적으로는 로그가 지수보다 먼저 발명되었지요.

로그를 처음 만든 것은 네이피어입니다. 하지만 그때는 지금처럼 로그를 정의하지 않았습니다. 그러나 어쨌든 로그를 만든 이유는 계산을 편리하게 하기 위함이었습니다. 천문학이 발달하면서 큰 수들을 많이 다루게 되었고, 이 수들의 복잡한 계산이 힘들었기 때문에 수고를 덜어 줄 수 있는 수단을 찾게 된 것이죠. 지금이야 컴퓨터와 계산기가 복잡한 계산을 대신해 주고 있으니 로그의 편리함을 잘 모를 수도 있지만 당시에는 "로그는 천문학의 작업량을 줄여 천문학자의 수명을 두 배로 늘려주었다"는 말을 들을 정도로 환영을 받았다고 합니다. 지금의 로그와 네이피어의 로그는 다르다고 하였지만 기본 아이디어는 곱셈과 나눗셈을 덧셈과 뺄셈으로 바꾼다는 데 있습니다. 실제적으로 곱하는 것보다는 더하는 연산이 훨씬 더 쉬우니까요. 또한 제가 1, 2, 3, 4 ……의 등차수열과 2, 4, 8, 16 ……의 등비수열로 로그를 설명했듯이 그도 이 둘의 대응 관계에 처음 초점을 두었습니다. 등비수열에 로그를 취하면 등차수열이 되지요.

$$\log_2 2=1,\ \log_2 4=2,\ \log_2 8=3,\ \log_2 16=4\ \cdots\cdots$$

이렇게 말입니다.

네이피어 로그는 조금 어려울 것 같아 이야기하지 않고 넘어가도록 할게요. 이 네이피어 로그에 대해 조금 더 알고 싶으면《네이피어가 들려주는 로그 이야기》를 참고하면 좋을 것 같습니다.

다음 수업은 로그함수에 대한 이야기인데요. 로그의 그래프를 베버-페히너의 법칙을 통해 잠깐 접해 보긴 했었지만, 지수함수와 로그함수를 함께 이야기하며 다시 수업을 하겠습니다.

오늘은 네이피어에 대한 이야기를 들려주는 것으로 로그를 이렇게 간단히 마무리하려고 합니다.

뉴턴과 함께 하는 쉬는 시간 2

네이피어 이야기

네이피어는 17세기 수학자 중 한 사람으로 스코틀랜드에서 태어났습니다. 그는 현재로 보면 SF소설 작가였던 것도 같습니다. 미래의 여러 전쟁 무기를 예언한 책을 쓰기도 했는데요. 4마일 반경 안의 모든 생물을 없앨 수 있는 대포, 물속을 다니는 기구, 전차의 발명 등을 예언했습니다. 실제로 이것은 탱크, 잠수함, 기관총 등으로 이 땅에 태어나죠. 이렇게 네이피어는 그의 뛰어난 독창력과 상상력으로 당시 사람들에게 간혹 마법사로 여겨지기도 했답니다.

그의 재치가 돋보이는 일화들이 있습니다.

그의 집에서 물건이 하나씩 없어지는 것을 알게 된 네이피어는 범인을 잡기 위해 고심을 했습니다. 그래서 하인들을 모두 불러 보았죠.

"이 집에 도둑질을 하는 자가 있다. 도둑질하려는 사람은 누구든지 수탉이 알아낼 것이다."

하인들은 네이피어가 시키는 대로 닭장에 들어가 수탉의 등을 두드리고 왔습니다. 네이피어는 닭장을 깜깜하게 해 두고, 수탉의 등은 검게 숯칠을 해 놓았습니다. 잘못이 없는 하인들은 수탉의 등을 자신 있게 가서 두드리고 왔지만 죄가 있는 하인은 머뭇거릴 수밖에 없었겠죠.

네이피어는 닭장에 들어갔다 나온 하인들을 다시 불러 손바닥을 검사했습니다. 모두들 손에 검은 숯칠이 되어 있었는데, 유독 한 사람은 깨끗한 손이었습니다.

"이 녀석, 네가 범인이구나!"

이렇게 네이피어는 도둑질한 하인을 찾아냈다고 합니다. 범행 사실이 두려워 감히 수탉의 등을 두드리지 못해 손이 하얗게 남아 있었던 것이지요.

또 농사를 지어 놓은 곡식을 이웃집 비둘기들이 와서 먹어대자 네이피어는 이웃집에게 경고를 했습니다. 다시 비둘기가 날아온다면 가두어 버리겠다고요. 다음날도 비둘기들은 날아와 네이피어의 곡식을 먹었습니다. 그런데 이 비둘기들이 다시 날지 못하고 그대로 네이피어의 마당에 누워 버렸습니다. 이웃집 주인은 당황했고, 네이피어는 비둘기들을 자루에 담았죠. 마당에 술에 담근 콩을 뿌려 비둘기들을 취하게 했던 것이죠.

이렇게 재치가 넘치는 네이피어는 수학에도 많은 기여를 했답니다. 그 중에 오늘날 계산을 아주 편리하게 만든 놀라운 발명이 바로 '로그'랍니다. 그는 일생의 정열을 천문학에 두었는데, 천문학에 대한 뜨거운 관심이 어려운 계산을 좀 더 쉽게 할 수 있는 방법을 찾게 하는 계기가 된 것이죠. 곱셈은 덧셈보다 훨씬 까다롭고 힘든 작업이므로, 곱셈을 덧셈으로 바꾼 네이피어의 발명은 커다란 진보라고 할 수 있습니다.

일곱번째 수업 정리

1. $\log_a x$에서 a를 밑, x를 진수라고 합니다.

2. $\log_a a^m = m$

3. $\log_a x = y \Leftrightarrow x = a^y$

4. $\log_a xy = \log_a x + \log_a y$, $\log_a \frac{x}{y} = \log_a x - \log_a y$

5. 등비수열에 로그를 취해 만든 수열은 등차수열이 됩니다.

역함수와 로그함수의 그래프

역함수와 로그함수의 그래프를 배워봅니다.

여덟 번째 학습 목표

1. 역함수의 의미를 배웁니다.
2. 지수함수와 로그함수는 서로 역함수 관계임을 배웁니다.
3. 함수와 역함수의 그래프 특징을 알고 로그함수의 그래프를 그려 봅니다.

미리 알면 좋아요

1. 대응 두 집합에서 어떤 집합의 한 원소에 다른 집합의 한 원소가 정해지는 것

2. 함수 두 집합 사이의 대응이 아래와 같은 조건을 만족할 때 집합 A에서 집합 B로의 대응을 A에서 B로의 함수라고 합니다.

> 두 집합 A, B에 대해 A의 모든 원소가 B에 대응되는 원소를 단 하나 가질 때, 이러한 대응을 A에서 B로의 함수라고 한다.

아래와 같은 대응은 함수가 될 수 없습니다.

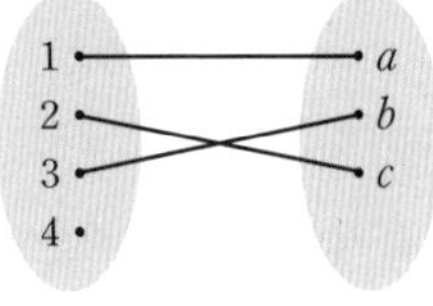

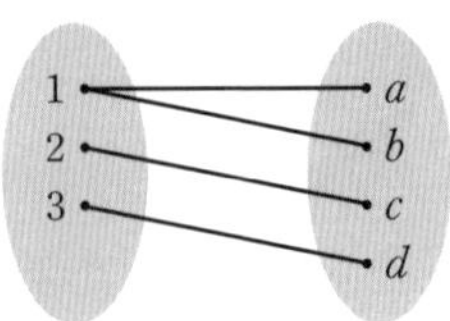

오늘은 내가 간식거리를 좀 가지고 왔습니다. 인스턴트 식품이 몸에 좋지 않은 것은 알고 있지만, 여러분들이 좋아할만한 것들이라고 해서 사 왔습니다. 무엇을 좋아할지 잘 몰라서 물어볼 수밖에 없었거든요. 내가 사 온 것들을 보여드리겠습니다. 끝나고 사이좋게 나누어 드세요. 아셨죠?

먼저 이건 '포테이토깡' 이네요. 1000원이라고 적혀 있군요. 그리고 이건 초콜릿입니다. 700원이네요. 아, 내가 생색내려고 가격을 얘기하는 것은 아닙니다. 부담 갖지 마세요. 오늘 수업 때문에 얘기를 하는 것이니까요. 다시, 이것도 과자군요. '버섯볼'은 800원. '새우과자'는 700원. 초코파이는 200원이고요. 자, 칠판에 한번 적어 보겠습니다.

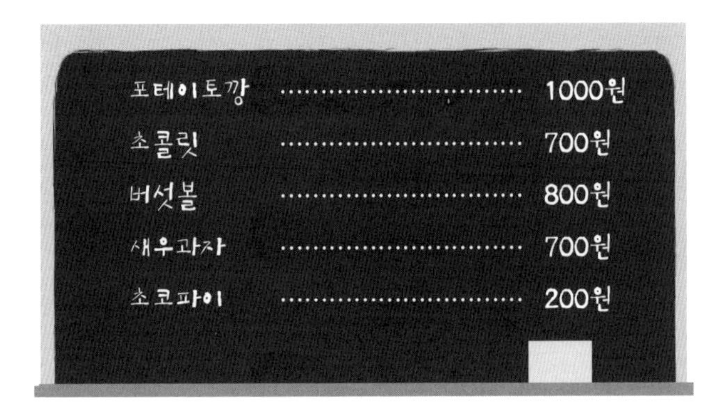

우리는 간식 이름을 알면 그 가격을 알 수 있습니다. 과자 봉지에 가격이 정확히 적혀 있기 때문이죠. 칠판에 내가 다시 적어 놓은 것을 보아도 분명하고요. 과자와 가격이 하나씩 대응되어 있습니다. 과자 이름을 이야기하면 그에 해당하는 가격을 찾을 수 있습니다.

간식 시간입니다.
와! 과자다!
여러분들 2000원, 1500원, 1000원, 800원짜리 과자를 찾아보세요.
아무리 찾아도 1500원짜리 과자는 없는데요.
어떤 과자가 1500원짜리죠?
1500원짜리 과자는 없습니다.
2000원짜리 과자가 둘, 1000원짜리 과자가 둘, 800원짜리 과자 하나입니다.
2000
1000
800
1500원과 대응되는 과자는 없다는 뜻입니다.
간식에도 수학은 적용되는군요.

버섯볼 ·················· 800원

그런데, 내가 가격을 얘기하면 과자이름을 이야기 할 수 있나요? 한번 해 볼까요? 1000원에 해당하는 과자는 무엇입니까?

네, 포테이토깡입니다.

포테이토 깡 1000원

600원에 해당하는 과자는 무엇입니까?

그렇죠, 600원에 해당하는 과자는 없습니다. 과자이름과 과자를 묶어서 생각해 볼까요?

내가 가져온 과자와 가격을 연결하면 아래 그림과 같을 것입니다.

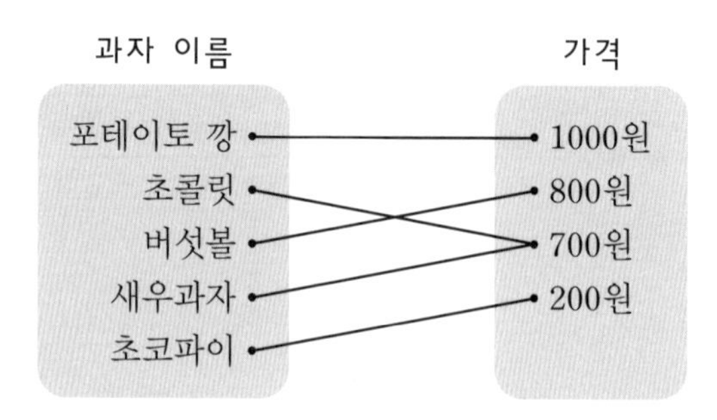

그런데, 가격에 아래와 같이 제가 아까 질문했던 600원을 넣어 볼게요.

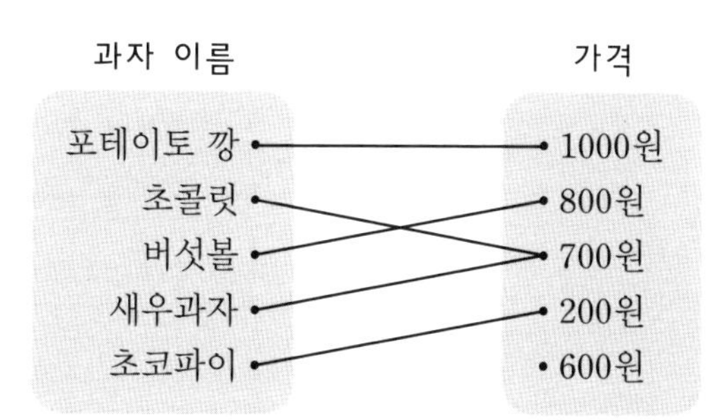

600원에는 해당되는 과자가 없습니다. 그래서 당연히 찾을 수가 없죠. 즉, 가격을 가지고 과자를 찾으려면 600원과 같이 과자와 대응되지 않는 가격은 존재하지 않아야 합니다. 다시 말해 가격의 묶음에는 과자에 대응되는 가격만 존재해야 합니다. 700원에 해당하는 과자는 무엇일까요?

700원에 해당하는 과자도 하나로 정할 수가 없습니다. 하나로 대응시킬 수가 없죠. 초콜릿과 새우과자가 모두 700원이기 때문입니다.

새우과자를 제외시킨 대응을 볼까요?

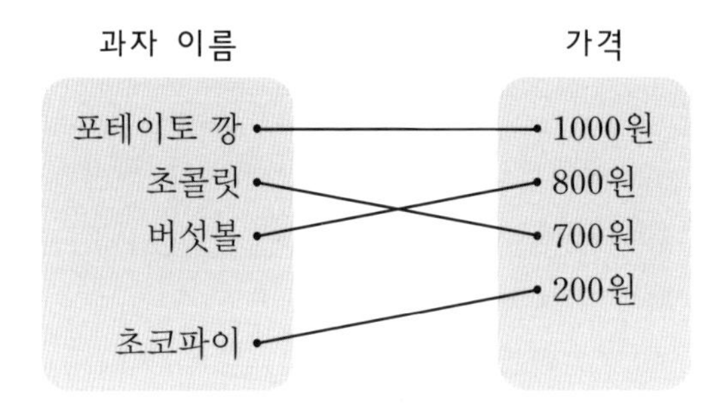

이렇게 되면 가격의 묶음 내에 있는 가격들에 대해 과자를 하나씩 대응시킬 수 있게 됩니다. 두 개의 묶음이제부터는 '집합' 이라고 표현하겠습니다 사이에 위의 그림과 같이 대응 될 때, 즉, 두 집합의 원소의 개수가 같고 모든 원소가 대응되는 원소를 갖으며 하나의 원소에 하나씩만 대응이 될 때초콜릿과 새우과자처럼 두 개의 원소가 한 개의 원소로 대응되는 일은 없어야 합니다. 두 집합 사이의 대응을 '일대일 대응' 이라고 합니다.

이제, 이 두 집합을 A와 B라고 해 보겠습니다. A와 B 사이의 대응 중에서 A의 모든 원소가 대응되는 원소를 갖고 A의 원소는 B에 대응되는 원소를 하나만 가질 때 이러한 대응을 A에서 B로의 함수라고 합니다. 이때 B에서 A로의 대응도 함수가 되려면 A와 B가 일대일 대응이 되어야 하고 A에서 B로의 함수이것을 ★이라고 한다면에 대해 B에서 A로의 함수는 역함수★의 역함수가 됩니다.

역함수란 쉽게 말해서 A에서 B로 가는 것을 방향을 바꾸어 B에서 A로 가게 하는 것이라고 할 수 있습니다. 자판기로 생각해 볼까요? 자판기에 여러 가지 음식들이 있고 각각의 음식들에 가격이 정해져 있다고 합시다. 음식들 중 원하는 단추를 누르면 가격이 화면에 뜹니다. 만약 음식들의 가격이 모두 다르다면 음식에 해당하는 돈을 넣으면 음식이 정해져서 나오게 되는 겁니다.

어떤 양수를 제곱할 때 이 연산의 반대 방향은 제곱근이 되는 것입니다.

$$3 \rightarrow \boxed{x^2} \rightarrow 9 \qquad 3 \leftarrow \boxed{\sqrt{x}} \leftarrow 9$$

x^2에 의해 a라는 값이 b에 대응된다면 $\sqrt{x}$로 b에 대응되는 a값을 찾을 수 있습니다. $y=\sqrt{x}$는 $y=x^2$의 역함수라고 할 수 있죠. $y=x^2$에서 x를 양수로 한정하면 이 함수는 일대일 대응이 됩니다. 따라서 역함수가 존재할 수 있죠.

$y=3x$, 즉 주어진 수에 3배를 하는 함수의 역함수는 $y=\frac{1}{3}x$가 될 겁니다.

$$8 \rightarrow \boxed{3x} \rightarrow 24 \qquad 8 \leftarrow \boxed{\frac{1}{3}x} \leftarrow 24$$

그러면 지수함수의 경우는 어떻게 될까요? 지수함수의 역함수를 생각해 볼까요? $y=2^x$ 라는 함수로 예를 들어 생각해 봅시다.

$3 \rightarrow \boxed{2^x} \rightarrow 8$　　　　$3 \leftarrow \boxed{?} \leftarrow 8$

$y=2^x$ 에 의해 3은 8로, 4는 16으로, 5는 32, 6은 64로 대응될 것입니다. 그러면 우리는 8은 3으로, 16은 4로, 32는 5로, 64는 6으로 대응시키는 함수를 찾아야 합니다. 다시 지수로 표현해 볼까요?

$$\boxed{?}$$

$$2^3 \rightarrow 3$$

$$2^4 \rightarrow 4$$

$$2^5 \rightarrow 5$$

$$2^6 \rightarrow 6$$

위와 같은 대응이 되는 함수는 어떤 것일까요? 지난 시간에 배운 것이 기억납니까? 바로 로그입니다. $\log_2 2^3=3$, $\log_2 2^4=4$, $\log_2 2^5=32$이었지요. 일반적으로 $\log_a a^m=m$이었고요. 즉, 지수함수의 역함수는 로그함수가 되는 것입니다. 지금은 내가 $y=2^x$ 를 예로 들었는데요. 일반적인 형태의 지수함수, 즉

$y=a^x$ 의 역함수는 어떻게 될까요? 네, 맞습니다. $y=\log_a x$가 될 것입니다.

지수함수와 로그함수는 역함수 관계이다.
$y=a^x$ 의 역함수는 $y=\log_a x$

두 번째 수업에서 우리는 지수함수의 그래프의 모양을 살펴보았습니다. 로그함수의 그래프 모양도 살펴볼까요? 지수함수처럼 직접 그려보며 그 모양을 살펴볼 수도 있을 겁니다. 사실 이전 시간에 베버의 법칙을 통해 로그 그래프의 모양을 대략적으로 엿보기도 했고요. 그런데 이 로그함수의 그래프를 쉽고 정확하게 그릴 수 있는 방법이 있습니다. 바로 지수함수의 그래프를 이용하는 것입니다. 어떤 함수의 그래프를 알 때 그 함수의 역함수의 그래프는 직접 그리지 않고 원래 함수를 이용해서 알아볼 수 있습니다. 대칭을 이용하는 방법인데요. 그러면 원함수의 그래프와 역함수의 그래프 사이에는 어떤 관계가 있는지 잠깐 알아봅시다.

역함수라는 것은 a에서 b로 가는 것을 b에서 a로 방향을 바꾸어 주는 것으로 생각해 볼 수 있다고 했습니다. 보통 a에서 b로의 대응을 평면 그래프로 그릴 때 a는 x좌표, b는 y좌표로 두고 그래프를 그립니다. (a, b)로 표현하죠. 그러면 역함수에 의해 (a, b)는 (b, a)가 될 것입니다. $(1, 2)$는 $(2, 1)$로, $(2, 3)$은 $(3, 2)$로, $(5, 6)$은 $(6, 5)$로 바뀌겠죠. 그런데 이렇게 (x, y)가 (y, x)로 바뀌면 둘 사이에는 $y=x$에 대해 대칭관계가 됩니다. 즉 $y=x$를 대칭축으로 접으면 같은 모양이 나오게 되는 것입니다. 정사각형 모눈종이에 가로와 세로를 반으로 나누는 선을 그리고요. 이것이 x축, y축이 되겠죠. 물감으로 점을 여러 개 찍은 후 이 정사각형을 대각선으로 접어 보면 이 사실을 확인해 볼 수 있습니다.

따라서 로그함수의 그래프는 지수함수를 $y=x$에 대칭시켜 주기만 하면 되는 것입니다.

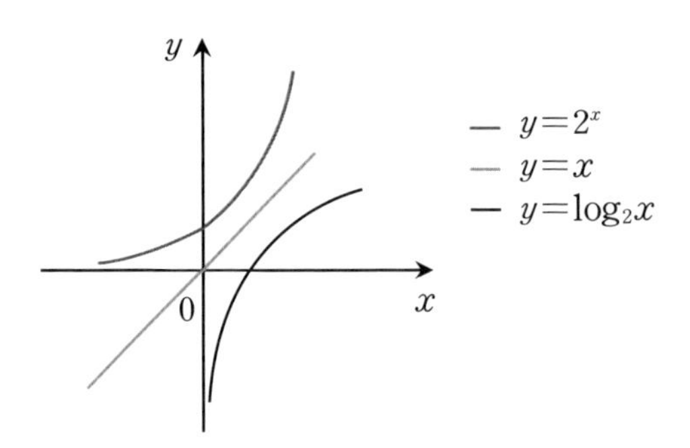

두 함수 모두 오른쪽 위로 올라가며 증가하는 형태지만 지수함수는 빠르게 증가하는데 반해 로그함수는 갈수록 증가 속도가 느려짐을 볼 수 있습니다. 지수함수는 항상 양의 값을 가졌지만 로그함수는 모든 실수를 함숫값으로 갖습니다. 그런데 로그함수는 x축의 오른쪽에만 그려지는군요.

지수함수 $y=\left(\frac{1}{2}\right)^x$를 이용해서 $y=\log_{\frac{1}{2}} x$의 그래프도 그려 봅시다.

지수함수는 밑이 0보다 크고 1보다 작을 때에는 감소하는 형태였고, 밑이 1보다 클 때에는 증가하는 형태였습니다. 로그함수도 마찬가지로 밑이 0보다 크고 1보다 작을 때에는 감소하고, 밑이 1보다 클 때에는 증가하는 형태를 가집니다.

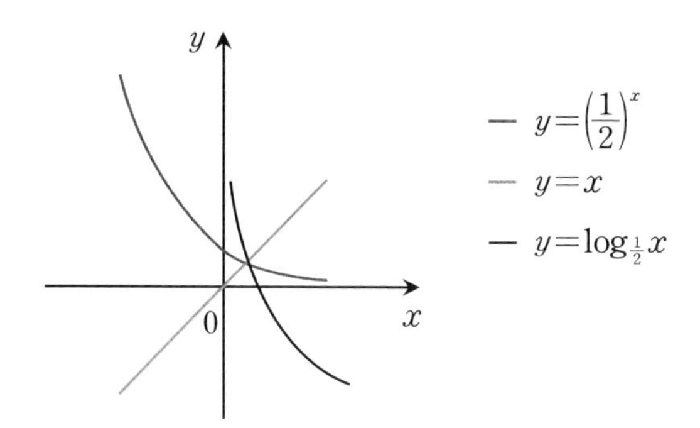

지수함수에서 밑 조건과 지수 조건이 기억납니까? $y=a^x$ 에서는 1이 아닌 양수이고 x는 1이 아니라는 조건이 있었습니다. 이 조건이 로그함수에서도 따라옵니다. $a^x=b$이면 $x=\log_a b$가 됩니다. a는 1이 아닌 양수 b는 지수함수의 함수값으로 항상 양의 값을 갖죠. 이것은 오른쪽 로그식에 똑같이 적용됩니다. 따라서, 로그함수 $y=\log_a x$의 경우 밑 a는 1이 아닌 양수, 진수 x는 양수의 조건을 갖게 되는 것입니다.

로그함수 $y=\log_a x$(a는 1이 아닌 양수, x는 양수)

자, 정리가 되셨습니까? 이번 시간에는 역함수와 역함수의 그래프에 대해서 배웠습니다. 또 역함수의 그래프는 원래 함수의 그래프와 $y=x$에 대해 대칭이라는 것도 배웠고요. 로그함수의 그래프를 로그함수가 지수함수의 역함수임을 이용해 지수함수의 그래프를 대칭시켜 그려 보았습니다. 밑 조건, 진수 조건도 기억해 주시고요. 물론, 지금 가장 간단한 형태의 로그함수를 그려 보았는데요. 더 복잡한 형태들이 있긴 합니다만 오늘 수업에서는 여기까지 다루도록 하겠습니다. 좀 더 복잡한 형태들은 고등학교에서 더 배우게 될 겁니다. 다음 시간에는 우리가 배웠던 로그를 주변에서 찾아보려고 합니다. 오늘 수업이 꽤 길어 고생들 많았습니다. 잘 쉬고 다음 수업에서 봅시다.

여덟번째 수업 정리

❶ 두 집합 사이의 대응이 일대일 대응이 될 때, A에서 B로의 함수에 대한 역함수가 존재할 수 있습니다.

❷ 지수함수의 역함수는 로그함수가 됩니다. $y=a^x$ 의 역함수는 $y=\log_a x$

❸ 어떤 함수에 역함수가 존재할 때, 두 함수의 그래프는 서로 $y=x$에 대해 대칭이 됩니다.

우리 주변의 로그함수

우리 주변에서 활약하고 있는 로그들을 불러 볼까요?

아홉 번째 학습 목표

1. 우리 주변에서 로그를 이용하는 것을 찾아봅니다.
2. 왜 로그를 사용하는 단위들이 많은지 생각해 봅니다.

미리 알면 좋아요

1. pH 용액의 산성도를 알려 주는 수소이온농도지수

2. 데시벨(dB) 소리의 상대적인 크기를 나타내는 단위

3. 등급 별의 밝기 단위

4. 진도 지진의 크기를 나타내는 척도

오늘은 아침에 비가 와서 약간 쌀쌀하군요. 비를 맞고 나서는 몸을 따뜻하게 해야 하죠. 그렇지 않으면 감기에 걸리기 쉽거든요. 그런데 요즘에는 비를 맞으면 안 된다는 말을 더 듣습니다. 산성비 때문이죠. 이 산성비를 맞았다고 바로 사람의 피부가 심각하게 상한다든가, 금세 우산에 구멍을 내거나 하지는 않습니다. 산성비를 맞은 식물이 단숨에 죽는 것도 아니고요. 그러나 산성비는 광범위한 영역에서 서서히 손실을 입힙니다.

대리석으로 된 조각품이나 철교같은 금속 구조물 등을 부식시키기도 하고, 농작물에 열매나 씨를 맺지 못하게 하는 피해를 주기도 합니다. 이 산성비가 토양에 스며들면서 금속성분이 토양에 녹아 농작물의 성장을 어렵게 만들기도 하고 먹이사슬을 통해 농작물이나 다른 생물에 축적되어 있다가 사람이 섭취하게 되면 인체에 피해를 주기도 하지요.

그런데 산성비란 무엇일까요?

산성비란 pH5.6 이하의 비를 말합니다. 정상적인 비는 pH 5.6 정도이죠. 사실 이것도 약간 산성입니다. 공기 중 탄소가 녹아서 약한 산성인 탄산을 형성하기 때문이죠. 그럼 산성이란 무엇이고 pH는 또 무엇일까요?

▨pH

pH 수치는 용액 속의 수소 이온 농도를 측정해서 얻습니다. 수소가 무엇인지는 아시죠? 수소는 물 분자를 이루는 원소입니다. 수소 원자 2개와 산소 원자 1개가 만나 물을 만드는데 이 둘이 만날 때는 이온 상태인 H^+와 OH^-가 만납니다. 이 H^+가 수소 이온입니다. 그런데 수소 이온 농도는 용액에 따라 큰 차이를 보이기 때문에 이를 상용로그밑이 10인 로그를 이용해서 수소 이온 농도지수pH로 바꾸어 0부터 14까지 나타냅니다. pH는 아래와 같이 계산합니다.

$$pH = -\log(H^+)$$

여기서 (H^+)는 수소 이온 농도인데 1리터의 용액 속에 있는 수소 이온의 그램 이온 수입니다. 만약 수용액 중 수소 이온이 1.0×10^{-7}g이 있다면,

$$pH = -\log(1.0 \times 10^{-7}) = -\log 10^{-7}$$

입니다.여기서 밑이 생략되어 있는데 밑이 10인 경우는 상용로그로 밑을 생략하기도 합니다 따라서 $pH = -(-7) = 7$이 됩니다. pH가 7인 용액을 중성이라고 하고 7보다 작을 때는 산성, 7보다 크면 염기성이라고 합니다.

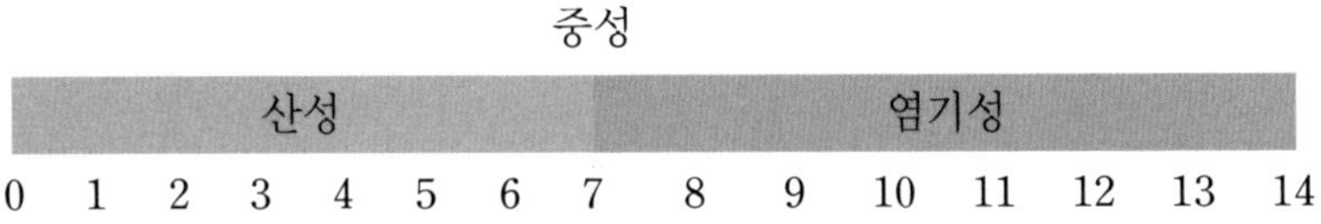

중성

산성	염기성

0 1 2 3 4 5 6 7 8 9 10 11 12 13 14

용액 :	레몬주스	토마토주스	커피	우유	물	달걀	베이킹소다	암모니아수
pH :	2.1-2.3	4.1	5.0	6.6	7	7.6-8.0	8.5	11.9

←------------ 산성 ←-------- 중성 ----------→ 염기성 ----------→

pH가 7보다 작은 산성의 경우 pH가 작을수록 산성 정도가 커지고 pH가 7보다 큰 염기성의 경우 pH가 클수록 염기성 정도가 커집니다. pH 5와 pH 6의 경우 pH는 숫자상으로 1 차이가 나지만 실제 수소 이온 농도는 pH 5가 pH 6보다 10배 더 많습니다.

우리가 생활에서 어떤 것의 크기나 정도를 나타내는 지수에는 로그가 들어간 것이 많습니다. 로그가 들어가면 숫자의 크기를 줄여 주기 때문이죠. 위의 예처럼 실제로는 1000배 차이가 나도 지수로는 3 차이밖에 나지 않습니다.

이전 시간에 베버의 법칙에 대한 이야기가 기억납니까? 우리의 감각이 비례하여 변하는 모습은 선형적직선적 증가나 감소이지 않고 로그적이라고 했던 이야기 말입니다. 시각이나 청각도 마찬가지입니다.

데시벨

요즘 공사장을 보면 울타리에 작은 전자판이 있습니다. 숫자를 표현하는 전자판 옆에는 dB이라는 단위가 붙어 있죠. 소음 정도를 나타낸 것인데 이것은 데시벨로 나타냅니다. 아마 '공사를 조용히 하도록 노력하겠습니다' 라는 것을 나타내기 위해 부착한 것이겠지요.

데시벨이라는 말을 여러분도 들어본 적이 있을 겁니다. 이 데시벨을 사용하는 이유는 인간의 귀로 느끼는 소리의 크기는 실제 음의 에너지에 대해 로그함수적으로 느껴지기 때문입니다. 세기 에너지가 I인 소리의 데시벨 L은 다음과 같습니다.

$$L=10\log\frac{I}{I_0}$$

청각이 정상인 사람이 겨우 들을 수 있는 소리의 세기가 $1m^2$당 $10^{-12}W$의 에너지를 내므로 이것을 표준으로 잡아 표준음은 $I_0=10^{-12}W/m^2$이라 합니다.

데시벨의 예는 다음과 같습니다.

데시벨	소리의 종류
130	매우 가까운 거리에서 듣는 대포 소리
120	제트 엔진 소리, 기차의 경적 소리
110	오케스트라의 큰 소리

100	전기톱 소리
90	버스 또는 트럭의 내부
80	자동차 내부
70	전화기의 벨 소리
60	통상적 대화, 사무실
50	음식점
40	가정집의 조용한 방
30	침실
20	녹음실
10	방음 시설이 된 방
0	표준음, 절대적인 정적

사무실이나 일상적 대화를 나눌 때 소리는 60dB로 이것은 표준음의 100만 배를 뜻합니다. 전화기 벨 소리는 표준음의 1000만 배이지요. 자동차 내부의 소음은 1억 배, 기차의 경적 소리는 표준음의 1조 배가 됩니다. 이 때문에 소리의 세기를 비교적 작은 수로 표현하게 위해 로그를 사용한 데시벨로 나타내는 것입니다. 이 데시벨 또한 우리 생활에서 로그가 사용된 쉬운 예랍니다.

▨지진의 규모

로그를 이용하는 단위로는 지진의 규모를 나타내는 '리히터 규모' 도 있습니다. 리히터 규모라고 하기도 하고 '진도' 라 하기도 합니다. 이것은 1935년 미국의 지질학자 리히터가 고안한 것으로 진원지에서 100Km 떨어진 지점에서 지진계로 측정한 지진파의 최대 진폭이 A 마이크론인 지진의 규모는 다음과 같은 공식으로 정합니다.

$M=\log\frac{A}{A_0}$,(A_0은 최대 진폭이 1마이크론인 지진, 1micron=1/1000mm)

리히터 지진계의 눈금은 로그 눈금입니다. 지진의 크기는 진도가 증가함에 따라 10의 거듭제곱으로 커집니다. 예를 들어 진도 리히터 규모 7의 지진은 6의 지진보다 $\frac{10^7}{10^6}=10$배 큽니다. 진도가 3으로 약한 지진은 진도가 7인 지진에 비해 1000분의 1이 되는 것이지요. 리히터 규모 9는 진도 1의 9배이지만 실제로는 10억배가 됩니다. 엄청난 차이를 수학적 편이를 위해 로그를 이용하여 간단하게 표현한 것입니다.

지진 피해의 중요한 척도인 지진의 총 에너지와 지진의 규모 사이에는 $\log E=4.8+1.5M$의 공식이 성립합니다. 리히터 규모 값이 1 증가하면 에너지는 약 32배 증가합니다. 1995년 유명한 일본의 고베 지진의 리히터 규모는 7.2였습니다. 1994년 남아

시아 일대에는 리히터 규모 9의 강진으로 해일이 덮쳐 14만 명의 사망자와 50여만 명의 부상자가 발생했습니다. 고베 지진의 진도 7.2는 남아시아의 9의 강진과 1.8 차이가 나지만 실제 에너지 크기는 32의 제곱인 약 1000배가 됩니다. 이것은 히로시마에 떨어진 원자폭탄 2만 3천 개와 동일한 수치입니다.

진도리히터 규모	지진의 영향
0−1.9	지진계에 의해서만 탐지 가능한 정도
2−2.9	매달린 물체가 흔들림
3−3.9	지나가는 트럭의 진동과 비슷한 정도
4−4.9	창문 파손, 작거나 불안정한 위치의 물체들이 떨어짐
5−5.9	가구들이 움직이고 내벽의 석고 내장재 따위가 떨어짐
6−6.9	제대로 지어진 구조물에도 피해가 발생, 빈약한 건조물에는 큰 피해
7−7.9	건물 기초 파괴, 지표면 균열, 지하 매설관 파괴
8−8.9	교량 파괴, 구조물 대부분 파괴
9 이상	거의 전면적인 파괴, 땅의 흔들림이 육안으로 볼 수 있는 정도

▨별의 밝기 등급

요즘에는 밤하늘을 보아도 별이 많이 보이지 않죠. 서울 하늘엔 더욱 더 그렇고요. 15년 전만 해도 북두칠성이며 오리온자리며 잘 보였는데, 지금은 맑은 날에도 별이 많이 보이지 않는 것 같아요. 물론 높은 건물들에 하늘이 많이 가려져 있어서이기도 하겠지만요. 하늘의 별을 보면 그 중 밝은 별도 있고, 어두운 별도 있습니다. 별의 밝기는 가지가지이지요. 사실 태양계를 포함한 우리은하에만도 태양과 같은 별들이 2000억 개쯤 되고, 그보다 더 어두운 별까지 합하면 수를 헤아리기도 어렵습니다.

기원전 150년 경 그리스 천문학자 히파르코스에 의해 육안으로 보이는 별의 밝기를 수치적으로 1등성부터 6등성까지 나타내었습니다. 1등성은 맨눈으로 모아 가장 밝은 별이고 6등성은 가장 어두운 별이죠.

17세기 초 망원경의 발견으로 6등성보다 더 어두운 별도 볼 수 있게 되었고, 1830년 천문학자 존 허셜은 1등성의 밝기가 6등성의 밝기보다 거의 100배가 됨을 발견했습니다. 영국의 천문학자 포그슨은 허셜이 발견해 놓은 것을 기초로 1등급 간 밝기 차이가 2.512배임을 발견했습니다. 이것은 2등급이 1등급보다 2배 밝고, 4등급이 1등급보다 4배가 밝은 것이 아니라는 것입니다. 즉 이 등급도 로그함수적인 개념이 됩니다. 등급은 등차수열로 늘어나지만 실제 별의 밝기는 등비수열로 감소하니까요.

포그슨에 따르면 1등급은 2등급보다 2.512배 더 밝고 2등급은 3등급보다 2.512배가 밝다고 합니다. 왜 그런지 한번 생각해 볼까요? 자, 아래를 봅시다.

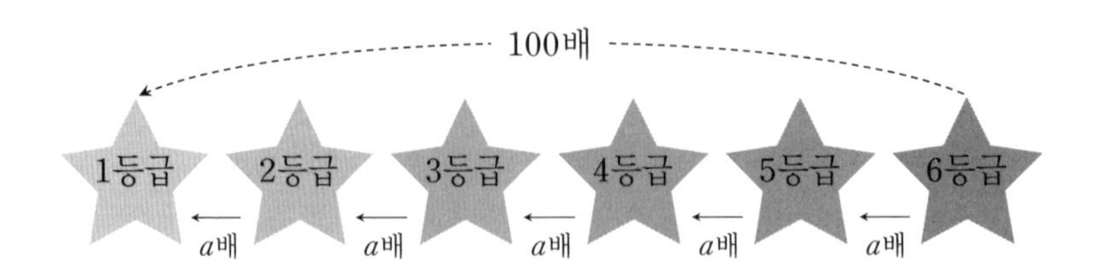

1등급이 2등급보다 a배 밝다고 해 봅시다. 2등급 역시 3등급보다 a배 밝습니다. 그러면 1등급은 6등급보다 a^5배 밝은 것이 됩니다. 그런데 1등급이 6등급보다 100배 밝으므로 $a^5=100$이 되어야겠죠. 즉 $a=100^{\frac{1}{5}}=\sqrt[5]{100}$이 되어야 하는데, 이 값을 계산하면 대략 2.512가 됩니다.

6등성보다 더 어두운 별은 7등성, 8등성 등으로 나타내고 밝기의 정도가 1등성과 2등성의 중간일 때는 1.5등성과 같이 소수로 표시하기도 합니다. 1등성보다 더 밝은 별은 0등성 −1등성 등으로 표현합니다. 이렇게 등급의 수는 높은 별일수록 어둡고 낮은 별일수록 밝은 것이죠. 태양의 등급은 −26.8, 보름달은 −12.6등급입니다.

오늘은 로그를 이용하여 만든 단위들에 대해서 알아보았습니다. 산성과 염기성 정도를 나타내는 pH, 소리를 나타내는 데시벨, 지진의 크기를 나타내는 진도, 별의 밝기를 나타내는 등급이 있었죠. 이 네 가지 외에도 아주 많은 것들에 로그 개념이 들어가 있을 것입니다. 이 공식들을 모두 외울 필요는 없습니다. 다만, 로그가 이렇게 우리 주변에서 많이 쓰이고 있음을 알고 왜 이렇게 로그를 사용하는지 그 이유에 대해서 생각해 보는 기회가 되었으면 하는 것이 내 바람입니다.

로그의 개념이 네이피어에 와서 만들어지고 수학적 개념이기는 하지만 사실 이것은 이미 우리 몸속에 지니고 있었던 것이 아닌가 싶습니다. 베버-페히너의 법칙에서 알 수 있었듯이 우리가 느끼는 감각은 모두 로그함수적이니까요. 소리, 밝기, 무게, 고통 등이 말이죠.

로그함수 이전에 지수함수를 배웠죠. 이것 또한 우리 주변의 많은 것들에서 예를 찾아보았습니다. 우리 몸에서도 지수적 증가를 찾을 수 있을까요? 우리의 몸은 단 한 개의 세포에서 시작합니다. 한 개의 세포가 세포분열을 거듭해 온몸을 만들어 갑니다. 이때 세포분열은 하나의 세포가 두 개로 분열하며 두 개의 세포가 되죠. 이러한 지수적 증가로 하나의 세포에서 수없이 많은 세포로 구성된 몸을 만들어 낼 수 있는 것입니다. 만약 세포가 몇 개씩 일정한 속도로 증가한다면 생명체가 만들어지는 데에는 무척 많은 시간이 걸릴 것입니다.

지금까지 나와 수업을 함께하느라 수고가 많았습니다. 수학이 조금 가까워진 것 같나요? 우리가 배운 지수함수, 로그함수뿐만 아니라 더 많은 수학이 우리와 우리 주변에 있습니다.

수학이 가까이 있고 쓸모 있음을 느끼는 계기가 되었으면 좋겠습니다. 수학은 많은 것들과 연결되어 있습니다. 그것들을 생각하고, 나아가 아름다움을 느낄 수 있길 바랍니다.

아홉번째 수업 정리

❶ 산성과 염기성 정도를 나타내는 pH, 소리의 크기를 나타내는 데시벨, 지진의 크기를 나타내는 진도, 별의 밝기를 나타내는 등급은 로그를 이용한 단위들입니다.

❷ 로그는 큰 수를 줄여 주는 역할을 해 주기 때문에 단위에 많이 이용됩니다.